《青海藏羊全产业链标准化体系集成与示范》编纂委员会

主　编　王学江　祁全青

副主编　李　婧　马世科

编　委　蒋桂香　王健斌　赵　旭　王惠霞

贺晓艳　杨艳红　杨文智　杨快才让

赵　璨　许　瑾　刘　伟　陈静仪

闫忠心　包　瑞　贾建磊　陈永伟

孙　武　马玉红　吴海玥　王海萍

靳永平　金夏阳　谢文雄　高祥军

赵世姣

青海藏羊全产业链标准化体系集成与示范

QINGHAI ZANGYANG QUANCHANYELIAN BIAOZHUNHUA TIXI JICHENG YU SHIFAN

王学江　祁全青　主 编

LANZHOU UNIVERSITY PRESS

图书在版编目（C I P）数据

青海藏羊全产业链标准化体系集成与示范 / 王学江，祁全青主编. -- 兰州 : 兰州大学出版社，2023.9
ISBN 978-7-311-06551-5

Ⅰ. ①青… Ⅱ. ①王… ②祁… Ⅲ. ①西藏羊－畜牧业－产业链－标准化－研究－青海 Ⅳ. ①F326.3

中国国家版本馆CIP数据核字(2023)第198749号

责任编辑　王曦莹
封面设计　雷们起

书　　名　青海藏羊全产业链标准化体系集成与示范
作　　者　王学江　祁全青　主编
出版发行　兰州大学出版社　(地址:兰州市天水南路222号　730000)
电　　话　0931-8912613(总编办公室)　0931-8617156(营销中心)
网　　址　http://press.lzu.edu.cn
电子信箱　press@lzu.edu.cn
印　　刷　西安日报社印务中心
开　　本　880 mm×1230 mm　1/16
印　　张　26(插页4)
字　　数　729千
版　　次　2023年9月第1版
印　　次　2023年9月第1次印刷
书　　号　ISBN 978-7-311-06551-5
定　　价　98.00元

前 言

青海省位于青藏高原的东北部，土地辽阔，自然环境独特，是全国五大牧区之一。藏羊作为青藏高原的特色优势畜种，在整个产业中衍生出多种业态，且优势突出，发展潜力巨大。藏羊产业不仅是青藏高原群众生产、生活的民生产业，也是推进经济社会发展的支柱产业。

产业呼唤标准，标准引领产业，标准化是产业发展的推动力量。推进现代农业全产业链标准化是贯彻落实中央一号文件精神、加快现代农业“三品一标”发展步伐的重要举措。近年来，青海省高度重视藏羊产业发展，按照“一优两高”发展战略，建设藏羊优势特色产业集群，奋力推进藏羊产业向高质量发展转型升级，全面确立青海在全国藏羊产业的中心地位，力争将藏羊产业打造成生态保护的样板产业、科技兴农的典范产业、转型升级的引领产业、乡村振兴的支柱产业。

为方便和指导青海省农业农村主管部门、农牧业企业、新型农牧业经营主体及农牧民查阅、学习，特对还在沿用的青海省藏羊产加销全产业链环节现行标准进行了整理和集成，编写完成了《青海藏羊全产业链标准化体系集成与示范》一书。本书编写过程中得到了青海省质量和标准研究院、青海省卫生健康委员会、青海省畜牧兽医科学院、青海省畜牧总站、青海省种羊繁育推广服务中心等相关单位和部分企业的大力支持，在此表示诚挚感谢。

本书中所汇编的标准仅供相关人员学习，版权归原作者所有。若相关标准发生修订、废止等情形，以最新标准为准。特别说明：因知识产权保护问题，与本书内容相关联的一些国家标准和行业标准内容无法汇编纳入，有需求的读者可进入相关部门网站查询。另外，由于所收录标准的发布年代不尽相同，我们对标准中所涉及的有关量和单位的表示方法未做统一改动。

编　者

2023年7月25日

目　录

第四篇　产品加工与质量管理

第五篇　流通质量控制

第六篇　品牌建设

附录　典型企业案例

第一篇

产地环境

ICS 65.020.30
CCS B 43
备案号:63526—2019

DB63

青　海　省　地　方　标　准

DB63/T 920—2019
代替 DB63/T 920—2010

绿色食品　藏羊生产技术规程

2019-06-19 发布　　　　2019-09-01 实施

青海省市场监督管理局　发布

前 言

本标准按照GB/T 1.1—2009给出的规则起草。

本标准代替DB63/T 920—2010《绿色食品　藏羊生产技术规程》。与DB 63/T 920—2010相比，除编辑性修改外，主要技术变化如下：

——取消引用标准6个，更新替代引用标准4个，新增引用标准14个；

——增加了放牧、舍饲、半舍饲生产条件下，青海藏羊养殖区选址、布局与设施设备的规定；

——增加了对肉羊饲养标准规定；

——取消了藏羊育肥技术等内容。

本标准由青海省农牧业标准化技术委员会提出并归口。

本标准起草单位：青海省绿色食品办公室、青海省畜牧总站。

本标准主要起草人：郭继军、付弘赟、拉环、张惠萍、张莲芳、张积英、陈永伟、张亚君、马艳圆、尕才让、旦正巷前、公保东智、张秀娟、赵维章、马福海、杨桂梅、邓艳芳、王廷艳、林元清、索南才仁。

本标准的历次版本发布情况为：

——DB63/T 920—2010。

绿色食品　藏羊生产技术规程

1　范围

本规程规定了绿色食品藏羊的生产环境、养殖区选址和布局、生产设施与设备、投入品、草地建设与利用、饲养管理技术以及生产追溯的要求。

本标准适用于青海省草地放牧生产方式下绿色食品青海藏羊的生产。

2　规范性引用文件

下列文件对于本文件的应用是必不可少的。凡是注日期的引用文件，仅所注日期的版本适用于本文件。凡是不注日期的引用文件，其最新版本（包括所有的修改单）适用于本文件。

NY/T 391　绿色食品　产地环境质量

NY/T 393　绿色食品　农药使用准则

NY/T 394　绿色食品　肥料使用准则

NY/T 471　绿色食品　饲料及饲料添加剂使用准则

NY/T 472　绿色食品　兽药使用准则

NY/T 635　天然草地合理载畜量的计算

NY/T 816　肉羊饲养标准

NY/T 1176　休牧和禁牧技术规程

NY/T 1178　牧区牛羊棚圈建设技术规范

NY/T 1237　草原围栏建设技术规程

NY/T 1342　人工草地建设技术规程

NY/T 1343　草原划区轮牧技术规程

NY/T 1904　饲草产品质量安全生产技术规范

HJ 568　畜禽养殖产地环境评价规范

DB63/T 039　青海藏羊

DB63/T 433　畜禽暖棚

DB63/T 463　放牧羊寄生虫病防治技术规范

DB63/T 547.1　青海藏羊饲养管理技术规范

DB63/T 547.2　青海藏羊繁育技术规范

DB63/T 705　高寒牧区藏羊冷季补饲育肥技术规程

DB63/T 1652　病害动物及病害动物产品无害化处理技术规程

《草畜平衡管理办法》（农业部令2005年第48号）

《动物防疫条件审查办法》（农业部令2010年第7号）

《中华人民共和国动物防疫法》

《畜禽标识和养殖档案管理办法》(2006年农业部令第67号)

3 术语和定义

下列术语和定义适用于本规程。

3.1 青海藏羊

又称藏羊、藏系羊。其品种特性应符合DB63/T 039的规定。

3.2 生产环境

指绿色食品藏羊放牧及舍饲或半舍饲条件下的养殖环境。

3.3 养殖区

指牧区牧户的牲畜圈养区域，主要包括牲畜棚圈、运动场、草棚、草房、堆粪场等；或养殖场、养殖小区主要功能区，包括生活管理区、生产区、生产辅助区、隔离区、废弃物处理区等。

3.4 引种

指将优良青海藏羊从其他地区引入本地的过程。本标准指狭义的生产性引种，即引进繁殖用种畜或以产肉为主的生产性肉畜。

4 生产环境要求

4.1 草地环境质量要求

天然草地与人工草地环境质量要符合NY/T 391规定。

4.2 养殖场、养殖小区环境质量要求

养殖场、养殖小区环境空气质量要求参照HJ 568的规定执行。

5 养殖区选址和布局

5.1 养殖区选址

牧区牧户的藏羊养殖区宜选择在地势较高、干燥、开阔、背风向阳、水电路通信便利，符合动物防疫要求，规避自然灾害的地方建设；养殖场、养殖小区选址应符合《动物防疫条件审查办法》的规定。

5.2 养殖区布局

牧区牧户的养殖区，人居住宅与畜棚畜圈必须分离，狗圈应远离人居住宅与畜棚畜圈，堆粪场和无害化处理设施宜设在人居住宅与畜棚畜圈的下风向和较低处；养殖场、养殖小区布局应符合《动物防疫条件审查办法》的规定。

6 生产设施与设备

6.1 羊用棚圈参照 NY/T 1178、DB63/T 433 的要求进行建造。

6.2 养殖场、养殖小区设施设备要求应符合《动物防疫条件审查办法》的规定。

6.3 草场围栏参照 NY/T 1237 的要求建设。

7 投入品

7.1 饲草

饲草产品质量应符合 NY/T 1904 的规定。

7.2 饲料及饲料添加剂

畜禽饲料及饲料添加剂的使用符合 NY/T 471 的规定。

7.3 养殖用水

养殖用水要符合 NY/T 391 的规定。

7.4 兽药

兽药使用要符合 NY/T 472 的规定。

8 草地建设与利用

8.1 人工草地建设

按照 NY/T 1342 的规定进行草场建设。

8.2 施肥与使用农药

天然草场、人工草地施肥要符合 NY/T 394 规定；天然草场、人工草地农药使用要符合 NY/T 393 的规定。

8.3 草地利用

8.3.1 严格遵守《草畜平衡管理办法》（农业部令第 48 号），按照 NY/T 635 的规定确定草场载畜量，严格控制草地利用率。

8.3.2 按照 NY/T 1343 规定实行草原划区轮牧，按照 NY/T 1176 的规定对草场实行休牧和禁牧。

9 饲养技术

9.1 饲养标准

青海藏羊饲养标准符合 NY/T 816 的规定。

9.2 引种

种羊引进必须遵守《中华人民共和国动物防疫法》的规定，从非疫区引入，并通过主管部门检疫合格。引进繁殖用种羊必须从具有《种畜禽生产经营许可证》和《动物防疫合格证》的种羊场引入，符合DB63/T 039要求。

9.3 繁育技术

9.3.1 采用自繁自育的生产方式。公、母羊以1∶30～1∶40比例自由交配为主，有条件的地区可进行人工授精。

9.3.2 配种公羊鉴定等级达到DB63/T 039规定的一级或特级要求，防止近亲繁殖。

9.3.3 公母羊初配年龄1.5岁，公羊同群内使用年限3年，终身使用年限5年，母羊使用年限不超过6年为宜。

9.3.4 选种选配参照DB63/T 547.2执行。

9.4 放牧技术

四季放牧参照DB63/T 547.1执行。

9.5 补饲技术

除正常放牧外，对妊娠母羊、哺乳母羊、羔羊、体质弱的羊、配种期公羊、病羊等应适当补饲。必要时进行全群补饲，补饲标准参照DB63/T 705执行。

10 管理技术

10.1 日常管理

整群、去势、剪毛、药浴等日常管理参照DB63/T 547.1规范性附录A执行。

10.2 疫病防治

10.2.1 按照《中华人民共和国动物防疫法》及其配套法规的要求，建立和完善放牧羊群整体防疫体系，制定科学合理的卫生消毒、防疫免疫制度和规程。

10.2.2 加强饲养管理，提高绿色食品青海藏羊的抗病能力，控制和杜绝传染病的发生、传播，建立"养重于防，防重于治"的生产理念，不用或少用防疫用兽药。

10.2.3 寄生虫病防治按照DB63/T 463的规定执行。

10.3 粪便及病害畜尸体无害化处理

10.3.1 保持羊舍内外干净卫生，羊舍内定期消毒。羊粪应定点堆放，防雨防溢，无害化处理，资源化利用。

10.3.2 病害藏羊及其产品的无害化处理按照DB63/T 1652的规定执行。

11 生产追溯

11.1 严格执行《畜禽标识和养殖档案管理办法》(2006年农业部令第67号)的规定，做好生产记录，饲料、饲料添加剂和兽药使用记录，消毒记录，免疫防疫监测记录，诊疗和病死畜禽无害化处理记录等，保障产品可追溯。

11.2 严格遵守《中华人民共和国动物防疫法》的规定，履行免疫、加施标识、申报检疫等义务，保证出栏羊只健康、出售产品质量安全。

ICS 65.020.01
CCS B 40
备案号:37386—2013

DB63

青　海　省　地　方　标　准

DB63/T 1176—2013

草地合理载畜量计算

2013-03-25发布　　　　2013-04-15实施

青海省质量技术监督局　发布

前　言

本标准按GB/T 1.1—2009给出的规则编写。

本标准由青海省农牧厅提出并归口。

本标准起草单位：青海省草原总站。

本标准主要起草人：王立亚、尚永成、陆阿飞、王生耀、范青慈、秦海蓉、张玉、王海霞。

草地合理载畜量计算

1 范围

本标准规定了草地合理载畜量的术语和定义、计算参数、草地载畜量计算方法等技术内容。

本标准适用于计算草地的合理载畜量。

2 规范性引用文件

下列文件对于本文件的应用是必不可少的。凡是注日期的引用文件，仅所注日期的版本适用于本文件。凡是不注日期的引用文件，其最新版本（包括所有的修改单）适用于本文件。

NY/T 635 天然草地合理载畜量的计算

DB63/T 209 青海省草地资源调查技术规程

3 术语和定义

下列术语和定义适用于本标准。

3.1 载畜量

一定的草地面积，在一定的利用时间内，所承载饲养家畜的头数和时间。载畜量可区分为合理载畜量和现存载畜量。

3.2 合理载畜量

在一定的草地面积和一定的利用时间内，在适度放牧（或割草）利用并维持草地可持续生产的条件下，满足承养家畜正常生长、繁殖、生产畜产品的需要，所能承养家畜的头数和时间。合理载畜量又称理论载畜量。合理载畜量可以用家畜单位、时间单位和草地面积单位三种方式表示。

3.3 现存载畜量

一定的草地面积，在一定的利用时间内，实际承养的标准家畜头数。现存载畜量又称实际载畜量。

3.4 草地可利用面积

除去草地内的居民点、道路、水域、小块的农田、林地、裸地等非草地及不可利用草地的草地面积。

3.5 可食草产量

草地可食牧草（含饲用灌木和饲用乔木之嫩枝叶）地上部的产量。

3.6 草地利用率

维护草地良性生态循环，在既充分合理利用又不发生草地退化的放牧（或割草）强度下，可供利用的草地牧草产量占草地牧草年产量的百分比。

3.7 标准干草

生物量达到最高月产量时，收割的以莎草科牧草为主的高寒草甸类草地之含水量14%的干草。

3.8 家畜日食量

维持家畜的正常生长、发育、繁殖及正常的生产畜产品，每头家畜每天所需摄取的饲草量。

3.9 羊单位

1只体重42 kg，同时哺四月龄以内单羔的成年母绵羊，或与此相当的其他家畜为一个标准羊单位，简称羊单位。

3.10 幼畜

从仔畜断奶到育成期的家畜。

4 计算参数

4.1 羊单位日食量

按DB63/T 209的规定计算，1个羊单位日食可食鲜草4.00 kg，按干鲜比1：2.9计算折合标准干草1.38 kg。

4.2 主要牲畜折合羊单位

绵羊＝1个羊单位；山羊＝0.8个羊单位；黄牛＝5个羊单位；牦牛＝4个羊单位；马＝6个羊单位；骡＝5个羊单位；驴＝3个羊单位；骆驼＝7个羊单位。

4.3 主要家畜幼畜折算比例

绵羊、山羊每只幼畜折0.4个羊单位；牦牛、黄牛每只幼畜折合2.8个羊单位。

4.4 主要农作物秸秆谷草比

主要农作物秸秆谷草比为：小麦1：1.25；青稞1：1.10；马铃薯1：0.65（折粮后比例）；蚕豆1：2.01；豌豆1：1.73；油料1：2.70。

4.5 天然草地不同放牧草地利用率

放牧草地利用率见表1。

表1　不同草地类型不同季节放牧草地利用率表

草地类名称	暖季放牧利用率(%)	冷季放牧利用率(%)	全年放牧利用率(%)
温性草原类	60～65	65	60～65
温性荒漠草原类	60～65	65	60～65
高寒草甸草原类	60～65	65	60～65
高寒草原类	60～65	65	60～65
温性荒漠类	45～50	50	45～50
高寒荒漠类	20～25	25	20～25
低地草甸类	40～50	50	40～50
山地草甸类	55～60	60	55～60
高寒草甸类	60～65	65	60～65

4.6　人工草地利用率

人工草地利用率为90%。

4.7　草地可食产草量的测定

4.7.1　牧草再生率

计算草地可食草产量采用的牧草再生率：海东地区牧草再生率为5%，其他地区牧草再生率为0。

4.7.2　产草量年变率

年降水量接近多年年平均降水量的年份为产草量的平年；年降水量大于多年年平均降水量25%的年份为产草量的丰年；年降水量小于多年年平均降水量25%的年份为产草量的歉年。计算草地可食草产量采用的草地产草量年变率如表2所示。

表2　不同草地类型区域的草地产草量年变率

草地类型区域	产草量年变率(%)		
	丰年	平年	歉年
温性草原类	125	100	70
温性荒漠草原类	135	100	55
高寒草甸草原类	115	100	80
高寒草原类	125	100	70
温性荒漠类	150	100	60
高寒荒漠类	150	100	60
低地草甸类	110	100	85
山地草甸类	110	100	85
高寒草甸类	110	100	85

4.7.3 放牧草地可食产草量的测定

齐地面剪割草地地上部可食牧草称量，折算成含水量14%的干草。

4.7.4 标准干草系数

按NY/T 635草地合理载畜量采用的标准干草折算系数如表3所示。

表3 不同类型草地牧草折合成标准干草的折算系数

草地类型	标准干草折算系数	草地类型	标准干草折算系数
荒漠草地	0.85～0.95	禾草高寒草甸与高寒草原	1.00～1.05
杂类草高寒草地	0.85～0.95	莎草高寒草甸与高寒草原	1
禾草低地草甸	0.90～0.95	改良草地	1.00～1.10
禾草温性草原和山地草甸	1		

4.7.5 暖季草地可食草产量计算

见公式1：

$$Yw = \frac{Ywm \times (1 + Gc)}{Ry} \tag{1}$$

式中：

Yw——暖季草地可食草产量，kg/hm^2；

Ywm——生长季测定的含水量14%之草地可食干草现存量，kg/hm^2；

Gc——草地牧草再生率，%；

Ry——草地产草量年变率（见表2），%。

4.7.6 冷季草地可食草产量计算

见公式2：

$$Yc = \frac{Ycm}{Ry} \tag{2}$$

式中：

Yc——冷季草地可食草产量，kg/hm^2；

Ycm——冷季测定的含水量14%之草地可食干草现存量，kg/hm^2；

Ry——草地产草量年变率（见表2），%。

4.7.7 全年利用草地可食草产量计算

见公式3：

$$Yy = \frac{Ywm(1 + Gc)}{Ry} \tag{3}$$

式中：

Yy——全年利用草地可食草产量，kg/hm²；

Ywm——生物量高峰期测定的含水量14%之草地可食干草产量，kg/hm²；

Gc——草地牧草再生率，%；

Ry——草地产草量年变率（见表2），%。

4.7.8 人工草地可食草产量计算

见公式4：

$$Yh = \frac{Ywm(1+Gc)}{Ry} \tag{4}$$

式中：

Yh——人工草地可食草产量，kg/hm²；

Ywm——人工草地牧草达到月最高产量时，收割的含水量14%之可食干草产量，kg/hm²；

Gc——草地牧草再生率，%；

Ry——草地产草量年变率（见表2），%。

5 草地载畜量计算方法

5.1 区域草地合理载畜量计算

5.1.1 区域放牧草地合理载畜量计算

见公式5、公式6：

$$Ausw = \frac{Yw \times Ew \times Hw}{Ius \times Dw} \tag{5}$$

式中：

Ausw——1 hm²某类暖季（或冷季，或全年）放牧草地在暖季（或冷季，或全年）放牧期内可承养的羊单位，羊单位／［hm²・暖季（或冷季，或全年）］；

Yw——1 hm²某类暖季（或冷季，或全年）放牧草地可食草产量［见式（1）］，kg/hm²；

Ew——某类暖季（或冷季，或全年）放牧草地的利用率（见表1），%；

Hw——某类暖季（或冷季，或全年）放牧草地牧草的标准干草折算系数（见表3）；

Ius——羊单位日食量，kg／羊单位・日；

Dw——暖季（或冷季，或全年）放牧草地的放牧天数，日；

$$Awk = Snw \times Ausw \tag{6}$$

式中：

Awk——区域面积上某类暖季（或冷季，或全年）放牧草地在暖季（或冷季，或全年）放牧期内可承养的羊单位，羊单位/［hm²・暖季（或冷季，或全年）］；

Snw——某类暖季（或冷季，或全年）放牧草地在暖季（或冷季，或全年）放牧期的可利用面积，hm²；

Ausw——1 hm²某类暖季（或冷季，或全年）放牧草地在暖季（或冷季，或全年）放牧期内可承养

的羊单位，羊单位/［hm^2·暖季（或冷季，或全年）］。

5.1.2 区域人工草地合理载畜量计算

见公式7、公式8：

$$Aush = \frac{Yh \times Eh \times Hh \times Er}{Ius \times Dh} \tag{7}$$

式中：

Aush——1 hm^2某类人工草地分别在全年（或冷季，或暖季）利用期内割草投饲可承养的羊单位，羊单位/［hm^2·年（或冷季，或暖季）］；

Yh——1 hm^2某类人工草地可食草产量［见式（4）］，kg/hm^2；

Eh——某类人工草地的利用率，%；

Hh——某类人工草地牧草的标准干草折算系数（见表3）；

Er——从人工草地刈割可食牧草的利用率，90%；

Ius——羊单位日食量，kg/（羊单位·日）；

Dw——全年（或冷季，或暖季）利用期内，需要从人工草地刈割牧草饲喂家畜的天数，日。

$$Ahk = Snw \times Ausw \tag{8}$$

式中：

Ahk——区域面积上某类人工草地在全年（或冷季，或暖季）利用期内割草投饲可承养的羊单位，羊单位；

Snw——某类人工草地在全年（或冷季，或暖季）利用期内可利用面积，hm^2；

Ausw——1 hm^2某类人工草地分别在全年（或冷季，或暖季）利用期内割草投饲可承养的羊单位，羊单位/［hm^2·年（或冷季，或暖季）］。

5.1.3 区域农作物秸秆合理载畜量计算

按照4.4规定折算农作物秸秆理论总产量，再根据以下公式（见公式9）计算出该地区农作物秸秆的合理载畜量。

$$Aek = \frac{Ye \times Ek \times Hf}{Ius \times Dh} \tag{9}$$

式中：

Aek——区域面积农作物秸秆可承载羊单位量，羊单位；

Ye——区域面积各类农作物秸秆总产量，kg；

Ek——区域面积各类农作物秸秆可作饲草的利用率，%；

Hf——各类农作物秸秆可收集率，按70%计；

Ius——羊单位日食量，kg/羊单位·日；

Dh——全年利用天数，日。

5.2 草地区域的载畜量潜力与超载计算

5.2.1 计算方法

用区域内放牧草地、人工草地和农作物秸秆的合理载畜量之和与草地现存饲养量比较，计算草地区域的载畜潜力与超载。

5.2.2 草地区域的载畜量潜力与超载计算

见公式10：

$$Pw = \sum Awk + \sum Ahk + \sum Aek - \sum Apw \tag{10}$$

式中：

Pw——暖季（或冷季，或全年）区域内草地承载潜力，羊单位；

$\sum Awk$——暖季（或冷季，或全年）区域内各类放牧草地合理载畜量总和，羊单位；

$\sum Ahk$——暖季（或冷季，或全年）区域内各类人工草地合理载畜量总和，羊单位；

$\sum Aek$——暖季（或冷季，或全年）区域内各类农作物秸秆投饲合理载畜量总和，羊单位；

$\sum Apw$——暖季（或冷季，或全年）区域内各类牲畜现存饲养量总和，羊单位。

当$Pw>0$，暖季（或冷季，或全年）放牧草地、人工草地和农作物秸秆尚有载畜潜力；

当$Pw=0$，暖季（或冷季，或全年）放牧草地、人工草地和农作物秸秆合理载畜量之和与当季草地牲畜现存饲养量达到平衡，草地利用适度；

当$Pw<0$，暖季（或冷季，或全年）放牧草地、人工草地和农作物秸秆已超载过牧。

第二篇

投入品使用与管理

ICS 65.120
CCS B 25
备案号:95235—2023

DB63

青　海　省　地　方　标　准

DB63/T 240—2022
代替DB63/T 240—1996

青贮饲料技术规程

2022-11-14发布　　2023-01-01实施

青海省市场监督管理局　发布

前 言

本文件按照GB/T 1.1—2020《标准化工作导则 第1部分：标准化文件的结构和起草规则》的规定起草。

本文件代替DB63/T 240—1996《青贮饲料技术规程》，与DB63/T 240—1996相比，除结构调整和编辑性改动外，主要技术变化如下：

——更改了“范围”相关内容（见第1章，1996年版第1章）；

——增加了“规范性引用文件”相关内容（见第2章）；

——增加了“术语和定义”相关内容（见第3章）；

——删除了“青贮容器”相关内容（1996年版第2章）；

——更改了“常用的青贮原料”为“青贮原料最佳收获期”（见4.1，1996年版3.2）；

——更改了“禾本科牧草”相关内容（见4.1.1，1996年版3.2.1）；

——更改了“豆科牧草”相关内容（见4.1.2，1996年版3.2.2）；

——更改了“青刈带穗玉米”“玉米秸秆”为“全株玉米”（见4.1.3，1996年版3.2.3，1996年版3.2.4）；

——删除了“萝卜叶、马铃薯秧”相关内容（1996年版3.2.5）；

——更改了“青贮原料应具备的条件”为“原料要求”（见4.2，1996年版3.1）；

——删除了“原料的含糖量”相关内容（1996年版3.2.5）；

——更改了“原料的含水量”为“水分”相关内容（见4.2.1，1996年版3.1.2）；

——更改了“原料的细碎度”为“原料长短”（见4.2.2，1996年版3.1.3）；

——增加了“青贮添加剂”相关内容（见4.3）；

——更改了“青贮饲料的调制方法”为“青贮制作”（见第5章，1996年版第4章）；

——删除了“准备容器”相关内容（1996年版4.1）；

——增加了“设施要求”相关内容（见5.1）；

——更改了“原料装填”相关内容（见5.2，1996年版4.2）；

——更改了“封闭与管护”相关内容为“压实与密封”（见5.3，1996年版4.3）；

——更改了“取用”相关内容为“青贮饲料的利用”（见第6章，1996年版5.1）；

——删除了“喂法与喂量”相关内容（1996年版5.2）；

——增加了“理化指标鉴定”相关内容（见7.2）；

——增加了“卫生要求”相关内容（见7.3）；

——删除了“实验室鉴定”相关内容（1996年版6.2）；

本文件由青海省林业和草原局提出并归口。

本文件起草单位：青海省草原总站

本文件主要起草人：王晓彤、马力、贾顺斌、马乾坤、薛艳庆、赵娜、刘文辉、唐俊伟、李娟、谈静、邹华、魏有霞、李万艳、斗尕杰布、戴晓丽

本文件历次版本的发布情况：

本文件由青海省林业和草原局监督实施。

青贮饲料技术规程

1 范围

本文件规定了青贮饲料技术的术语和定义、青贮原料、青贮制作、青贮饲料的利用及青贮饲料的品质要求等内容。

本文件适用于青贮饲料的制作和质量判定。

2 规范性引用文件

下列文件中的内容通过文中的规范性引用而构成本文件必不可少的条款。其中：注日期的引用文件，仅该日期对应的版本适用于本文件；不注日期的引用文件，其最新版本（包括所有的修改单）适用于本文件。

GB/T 13078 饲料卫生标准

GB/T 22142 饲料添加剂 有机酸通用要求

GB/T 25882 青贮玉米品质分级

NY/T 1444 微生物饲料添加剂技术通则

NY/T 2698 青贮设施建设技术规范 青贮窖

DB63/T 492 牧草捆裹青贮技术规程

3 术语和定义

下列术语和定义适用于本文件。

3.1 青贮技术

将原料揉碎切短后，装入青贮设施内压实、密封，在厌氧条件下经过微生物的发酵作用，调制成长期保存利用的饲料加工和贮存技术。

3.2 青贮添加剂

用于改善青贮发酵品质，减少养分损失的添加剂。

4 青贮原料

4.1 青贮原料及最佳收获期

4.1.1 禾本科牧草

青贮一年生禾本科牧草应符合DB63/T 492要求，多年生禾本科牧草应在乳熟期收割。

4.1.2 豆科牧草

苜蓿、箭筈豌豆等豆科牧草不能单独青贮，禾本科与豆科牧草按照DB63/T 492混合青贮。

4.1.3

全株玉米符合GB/T 25882的相关要求，全株玉米收割期在乳熟期最佳。

4.2 原料要求

4.2.1 水分

青贮原料适宜含水量60%～75%，采用手抓法估测含水量，抓一把牧草紧紧握住20 s～30 s，根据下面方法判断青贮原料含水量：

a）手指松开后，攥成的草料团不散开，有汁液流出，手被弄湿，则原料水分高于75%；

b）手指松开后，攥成的草料团不散开，手不被弄湿，则原料水分介于70%～75%；

c）手指松开后，攥成的草料团缓慢散开，无汁液流出，则原料水分介于60%～70%；

d）手指松开后，攥成的草料团立即散开，则原料水分低于60%。

4.2.2 原料长短

原料应铡短、揉撕，全株玉米、玉米秸秆等粗硬原料以3 cm～4 cm为宜；牧草等纤细类原料以4 cm～5 cm为宜。

4.3 青贮添加剂

使用的青贮添加剂应符合GB/T 22142和NY/T 1444相关要求，其用量及使用方法按照产品说明执行。

5 青贮制作

5.1 设施要求

青贮制作的设施应为青贮窖，青贮窖建设应符合NY/T 2698要求。装窖前清扫并消毒，窖体内壁铺塑料布至地面50 cm处。

5.2 原料装填

处理过的原料应立即装填入青贮窖，边装填边压实，每装填20 cm（层高）应压实。

5.3 压实与密封

原料装填与密封时应注意：

a）青贮原料装填过程中应尽量缩短时间。原料装填压实后应及时封窖。装填压实后应高出窖口50 cm～70 cm。

b）在窖顶部先用塑料薄膜覆盖，并用无锐角的重物压实。

c）封窖后注意窖口有无破漏，如有破漏应及时修补。

6 青贮饲料的利用

青贮后30 d～50 d可以开窖利用。各种家畜青贮饲料用量见附录A中的表A.1。

7 青贮饲料的品质要求

7.1 感官指标

鉴定标准见附录A中的表A.2。

7.2 理化指标鉴定

鉴定标准见附录A中的表A.3。

7.3 卫生要求

应符合GB/T 13078的规定。

附 录 A
（资料性）
青贮用量及品质相关数据

表A.1给出了家畜青贮饲料日用量。

表A.1 各种家畜青贮饲料日用量

畜种	用量(kg)
奶牛、成年母牛	15～20
肥育牛	10～15
犊牛	3～5
绵羊、山羊	1.5～2.5

表A.2给出了青贮饲料感官鉴定标准。

表A.2 青贮饲料感观鉴定标准

等级	颜色	气味	质地结构
优等	青绿或黄绿色，有光泽	轻微的酸味或水果香味	湿润、松散柔软、不粘手，茎、叶等能分辨清楚
中等	黄褐或暗褐色	有刺鼻酸味，芳香味淡	柔软、水分多，茎、叶等能分清
低等	褐色或黑色	具腐烂腐败并有臭味或霉味	发黏、结块或过干，分不清结构，腐烂、污泥状、黏滑或干燥或黏结成块

表A.3给出了青贮饲料理化指标鉴定相关指标。

表A.3 青贮饲料理化指标鉴定

等级	pH 值	乳酸(%)	水分(%)
优等	4.0～4.2	1.2～1.5	70～75
中等	4.6～4.8	0.5～0.6	75～85或60～70
低等	5.0～6.0	0.1～0.2	>85或<60

ICS 65.020
CCS B 30
备案号:16380—2005

DB63

青　海　省　地　方　标　准

DB63/T 492—2005

牧草捆裹青贮技术规程

2005-01-10发布　　2005-04-10实施

青海省质量技术监督局　发布

前 言

本规程依据GB/T.1—2000标准化工作指导原则，参阅有关资料，本着科学实用的原则编制，为青海省牧草捆裹青贮技术的推广和应用提供科学依据。

本规程由青海省畜牧兽医科学院提出。

本规程由青海省畜牧兽医科学院归口。

本规程起草单位：青海省畜牧兽医科学院草原研究所。

本规程主要起草人：徐成体、德科加、周青平、刘文辉、王宏生。

本《规程》自2005年04月10日起实施。

牧草捆裹青贮技术规程

1 范围

本规程规定了牧草捆裹青贮系统、工作流程和捆裹青贮牧草、青贮时间等内容。

本规程适用于青海省多年生、一年生人工饲草和天然草地牧草（高度在50 cm以上）的调制与贮藏。

2 牧草捆裹青贮系统

2.1 小型牧草捆裹青贮系统包括：割草机、搂草机、捆草机及配套动力、裹包机及配套动力、农业专用拉伸回缩膜、运输车。

2.2 大型牧草捆裹青贮系统包括：割草机、搂草机、捆草机及配套动力、裹包机及配套动力、农业专用拉伸回缩膜、装载车、运输车。

3 捆裹青贮牧草

3.1 捆裹青贮牧草应具备的条件

3.1.1 牧草的长度。刈割后的长度（整体平均长度）不能短于25 cm，用小型牧草捆裹青贮系统青贮时长度超过120 cm，必须铡短或揉搓。

3.1.2 牧草的含糖量。禾本科牧草含糖量符合青贮要求，可单一青贮；豆科牧草含糖量少，应与禾本科牧草混合青贮。

3.1.3 牧草的含水量。含水量控制在55%～65%。

3.1.4 抓一把牧草紧紧握住20秒～30秒钟，根据结果在下表中找出对应的含水量：

表1 青贮牧草含水量田间测试方法

含水量	标准
75%以上	手指松开后，攥成的草料团不散开，有汁液流出，手被弄湿
70%～75%	手指松开后，攥成的草料团不散开，手不怎么被弄湿
60%～70%	手指松开后，攥成的草料团慢慢散开，没有汁液流出
60%以下	手指松开后，攥成的草料团立即散开

3.2 常用的青贮牧草

3.2.1 禾本科牧草。燕麦、老芒麦、无芒雀麦等，在开花期或乳熟期刈割。

3.2.2 豆科牧草。苜蓿、箭筈豌豆等在初花期刈割。可同禾本科牧草混合青贮，混合比例1：2。

4 捆裹青贮时间

青海省牧草捆裹青贮时间在7～9月份为宜。

5 捆裹青贮的工作流程

5.1 固定式作业

刈割→晾晒→搂集→打捆→裹包→运输→堆垛

5.2 走动式作业

刈割→晾晒→打捆→集中草捆→裹包→运输→堆垛

6 拉伸回缩膜的正确使用

6.1 勿将该膜在强烈阳光下暴晒，否则影响裹包质量。

6.2 裹包时拉伸回缩膜的层数一般为4层。

6.3 在运输、堆垛时要注意保护膜的完好性，发现有破口时要及时粘贴。

7 捆裹青贮流程中特别事项

7.1 割草机的割台设定在合适高度上，避免翻起泥土，弄脏草料。

7.2 放置青贮草捆时，草捆柱体一面的圆形底面朝下，摞起的草捆不超过3层。

7.3 青贮草捆的密度必须控制在120 kg/m^3～180 kg/m^{3}的范围，即大型青贮草捆每个的重量为500 kg左右，小型青贮草捆每个的重量为40 kg左右。

8 捆裹青贮饲料的利用

8.1 取用：裹包好的青贮草捆至少要放一个月以上，直到喂牲畜时，才能将草捆打开，且根据饲喂量开包。

8.2 主要牲畜捆裹青贮饲料用量

表2 主要牲畜捆裹青贮饲料日用量

畜种	用量(kg)
奶牛、成年母牛	20
肥育牛	15
犊牛	5
绵羊、山羊	1.5

9 感官评价

表3 感官评定标准

等级	内容		
	色泽	气味	质地结构
优等	绿或黄绿色,有光泽	芳香味重	湿润,松散柔软,茎、叶能分清
中等	黄褐或暗绿色	芳香味淡	柔软、水分多,茎、叶能分清
低等	褐色	有霉味	发黏、结块或过干,分不清结构

ICS 65.404.20
CCS B 90
备案号:25061—2009

DB63

青 海 省 地 方 标 准

DB63/T 785—2009

微贮技术作业质量

2009-03-30发布 2009-04-30实施

青海省质量技术监督局 发布

前　言

本标准由青海省农牧厅提出并归口。

本标准由青海省质量技术监督局批准。

本标准起草单位：青海省农牧机械推广站、平安县农机管理站。

本标准主要起草人：魏学庆、赵建青、田文庆、张学林、杨庆明、王育海、星玲、刘生梅、杨卫宁、文怀存、张莲蓉。

本标准自2009年04月30日起实施。

微贮技术作业质量

1 范围

本标准规定了秸秆饲料微贮作业方法及质量指标。

本标准适用于秸秆饲料微贮作业质量检查及验收。

2 规范性引用文件

下列文件中的条款通过本标准的引用而成为本标准的条款。凡是注日期的引用文件，其随后所有的修改单（不包括勘误的内容）或修订版均不适用于本标准，然而，鼓励根据本标准达成协议的各方研究是否可使用这些文件的最新版本。凡是不注日期的引用文件，其最新版本适用于本标准。

DB63/T 716　微贮技术操作规程

3 术语

3.1 标准草长率

符合标准长度要求的秸秆质量占取样秸秆总质量的百分比。

3.2 秸秆超长率

超过标准长度要求的秸秆质量占取样秸秆总质量的百分比。

3.3 菌液配制比例偏差

实际配制的菌液浓度与标准要求的浓度之差与标准浓度的百分比。

3.4 贮料变质率

腐败变质贮料质量占总贮料质量的百分比。

4 技术要求

4.1 微贮技术要求应符合 DB63/T 716 的规定。

4.2 微贮设施

4.2.1 选用微贮窖

微贮窖分为圆柱形窖和长方形窖。用砖、石、水泥建造，窖壁用水泥挂面，窖底用砖铺面。微贮窖上下垂直，窖壁光滑，长度超过5 m时，每隔4 m砌一横墙，窖的底部和周围铺一层塑料薄膜。窖的大小应根据秸秆数量及饲养牲畜头数确定。

圆柱形窖的容积按下式（1）计算：

$$V=\pi R^2H \tag{1}$$

长方形窖的容积按下式（2）计算：

$$V=LBH \tag{2}$$

式中:

V——微贮窖容积，（m^3）；

π——圆周率，（约3.14）；

R——圆柱形窖底半径，（m）；

L——长方形窖的长，（m）；

B——长方形窖的宽，（m）；

H——微贮窖高，（m）。

微贮饲料的容重：青贮玉米和向日葵为500 kg/m³～550 kg/m³，青贮玉米秸秆为450 kg/m³～500 kg/m³，牧草、野草、萝卜叶为600 kg/m³。

根据微贮饲料的质量计算出微贮饲料的体积。

4.2.2 选用微贮袋

微贮袋为聚乙烯塑料薄膜制成，厚度为0.08 mm～0.10 mm，袋宽50 cm，长80 cm～120 cm。

4.3 菌种复活

秸秆发酵活干菌3 g，可处理麦秸、稻秸、干玉米秸秆1 t或青秸秆2 t。在处理秸秆前复活菌液，先将菌剂倒入200 mL水中充分溶解，或在水中加白糖20 g，溶解后加入活干菌，在常温下放置1小时～2小时，使菌种复活。复活好的菌剂当天用完，不可隔夜使用。

4.4 菌液配制

将复活好的菌剂倒入充分溶解的0.8%～1.0%食盐水中拌匀。食盐、水、菌种用量的计算方法见表1。

表1 食盐、水、菌种用量计算方法

秸秆种类	秸秆重量（kg）	秸秆发酵活干菌用量（g）	食盐用量（kg）	水用量（L）	贮料含水量（%）
稻麦秸秆	1000	3	9～12	1 200～1 400	60～70
黄玉米秸		3	6～8	800～1 000	
青玉米秸		1.5	—	适量	

4.5 微贮时间

封窖21天～30天，贮料完成发酵过程即可饲用。优质微青贮玉米秸秆饲料色泽呈橄榄绿，稻麦秸秆呈金黄色，呈褐色或黑绿色则为质量较差。

5 质量指标

微贮技术作业质量指标由秸秆含水量合格率、标准草长率、秸秆超长率、秸秆加工过程温升、秸秆汁液损失率、菌液配制比例偏差、贮料变质率组成。微贮技术作业质量指标应符合表2规定。

表2 微贮技术作业质量指标

序号	项目名称	质量指标
1	秸秆含水量合格率(%)	≥90
2	标准草长率(%)	≥85
3	秸秆超长率(%)	≤6
4	秸秆加工过程中温升(℃)	≤2
5	秸秆汁液损失率(%)	≤2
6	菌液配制比例偏差(%)	±5
7	贮料变质率(%)	≤5
8	饲料贮装合格率(%)	≥95

6 检查方法

6.1 秸秆含水量合格率检查

将未加工秸秆按图1所示堆积成2 m×3 m的长方形，采用对角线法选取五点（图1），去掉顶层和底层各20 cm厚的秸秆，每隔20 cm按图1取5点，至少取20点，每点取秸秆1 kg，用水分测试仪测其含水量，含水量在标准要求范围内计为合格测点数。

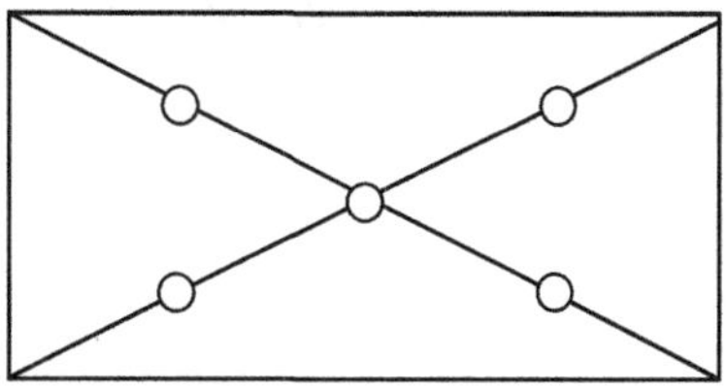

图1

秸秆含水量合格率按下式（3）计算：

$$U=\frac{q}{s}\times100\% \tag{3}$$

式中：

U——秸秆含水量合格率，（%）；

q——合格含水量测点数，（个）；

S——总测点数，（个）。

6.2 标准草长率、秸秆超长率检查

将已切碎的秸秆充分混合均匀后按图1所示堆积成长方形，采用对角线法选取五点（图1），去掉顶层和底层各20 cm厚的秸秆，每隔20 cm按图1取5点，至少取20点，每点取秸秆1 kg，选出其中符合标准要求长度的秸秆和超过标准长度的秸秆，分别称其质量 m_a和E_1。

标准草长率按下式（4）计算：

$$E_i = \frac{m_a}{m_b} \times 100\% \tag{4}$$

式中：

E_i——标准草长率，（%）；

m_a——标准长度秸秆质量，（kg）；

m_b——秸秆总质量，（kg）。

秸秆超长率按下式（5）计算：

$$E = \frac{E_1}{m_b} \times 100\% \tag{5}$$

式中：

E——秸秆超长率，（%）；

E_1——超过标准长度秸秆质量，（kg）；

m_b——秸秆总质量，（kg）。

6.3 秸秆加工过程中温升检查

秸秆加工前随机抽取20点测量秸秆温度，得出平均温度Q_a；秸秆加工机械稳定工作20分钟后开始，每隔1分钟从秸秆加工机械出料口处抓取秸秆，测量其温度，连续测试20次，得出平均温度Q_b。

秸秆温升按下式（6）计算：

$$Q_c = Q_a - Q_b \tag{6}$$

式中：

Q_c——秸秆温升，（℃）；

Q_a——加工前秸秆温度，（℃）；

Q_b——加工后秸秆温度，（℃）。

6.4 秸秆汁液损失率检查

秸秆加工前随机抽取20点测量秸秆含水率，得出平均含水率W_q；秸秆加工机械稳定工作20分钟后开始，每隔1分钟从秸秆加工机械出料口处抓取秸秆，测量其含水率，连续测试20次，得出平均含水率W_h。

秸秆汁液损失率按下式（7）计算：

$$W_i = \frac{W_q - W_h}{W_q} \times 100\% \tag{7}$$

式中：

W_i——秸秆汁液损失率，（%）；

W_q——加工前秸秆含水率，（%）；

W_h——加工后秸秆含水率，（%）。

6.5 菌液配制比例偏差检查

从配制好的菌液中取样测试实际菌液配制浓度，与标准要求的菌液浓度相比较，得出菌液配制比例偏差值。

菌液配制比例偏差按下式（8）计算：

$$m_i = \frac{S_q - S_h}{S_q} \times 100\% \quad (8)$$

式中：

m_i——菌液配制比例偏差，（%）；

S_q——标准菌液比例，（%）；

S_q——实际菌液比例，（%）。

6.6 贮料变质率检查

贮料饲喂时，每次取料记录取料量 W 和变质腐败贮料 W_d，直至喂完为止，得出贮料总质量 $\sum W$ 和变质腐败贮料 $\sum W_d$，即可得出贮料变质率。

贮料变质率按下式（9）计算：

$$I = \frac{\sum W_d}{\sum W} \times 100\% \quad (9)$$

式中：

I——贮料变质率，（%）；

$\sum W_d$——变质腐败贮料，（kg）；

$\sum W$——贮料总质量，（kg）。

ICS 65.020.20
CCS B 30
备案号:28570—2010

DB63

青　海　省　地　方　标　准

DB63/T 909—2010

机械化饲料粉碎技术操作规程

2010-08-04发布　　2010-08-15实施

青海省质量技术监督局　发布

前 言

本规程由青海省农牧厅提出并归口。

本规程由青海省质量技术监督局批准。

本规程负责起草单位：青海省农牧机械推广站。

本规程参加起草单位：海西州农牧机械技术推广站、黄南州农机管理站。

本规程主要起草人：张学林、魏学庆、田文庆、杨庆明、李荣德、夸尔新加、蒋振海、李益邦、娘本加、索南扎西、王伟。

机械化饲料粉碎技术操作规程

1 范围

本规程规定了机械化饲料粉碎技术安全要求、技术要求、机具安装、机具操作及注意事项和机具维护与调整。

本规程适用于机械化饲料粉碎技术的推广应用及技术操作。

2 规范性引用文件

下列文件对于本文件的应用是必不可少的。凡是注日期的引用文件，仅所注日期的版本适用于本文件。凡是不注日期的引用文件，其最新版本（包括所有的修改单）适用于本文件。

JB/T 5155 饲料粉碎机 技术条件

NY/T 644 饲料粉碎机安全技术要求

3 安全要求

3.1 工作场地

饲料粉碎的工作场地应通风、宽敞，留有足够的退避空间，备有可靠的灭火设备。

3.2 安全防护装置对可能造成人身危险的外露旋转件和传动部件应安装防护装置。

3.3 安全警示标志

3.3.1 危险处、机壳、防护罩及操作手柄应涂区别于机器本色的醒目油漆。

3.3.2 在机器外壳明显处应有标牌，标明如手柄、杠杆、开关各工况的位置及安全技术要求。

3.3.3 操作手柄处应有注明其用途的文字或符号。

3.4 电控装置及过载保护装置

3.4.1 电控装置应有防热、防潮、防损坏的保护措施，应装有过载保护装置。

3.4.2 不配备电控装置的粉碎机，应在使用说明书中强调，粉碎机在使用中应装过载保护装置。

3.5 磁性保护装置

粉碎机应装有磁性保护装置。

4 技术要求

4.1 根据粉碎机的标牌规定选配动力，不得随意改变机具主轴转速。

4.2 锤片式粉碎机的锤片安装后，在自重的作用下，应能自如地绕轴转动。

4.3 转子轴承应密封，并按要求加注润滑油脂。

4.4 粉碎机工作时，噪声≤93 dB（A）。

4.5 粉碎机工作时，粉尘浓度≤10 mg/m^3。

5 机具安装

5.1 粉碎机须牢固地安装在木架、铁架或水泥机座上。

5.2 主、从动皮带轮轴线应平行，两皮带轮外端应在同一平面内。

5.3 以电动机作为动力时，电源线应用三相四线电缆线，接地线应安全可靠，并接闸刀开关。

5.4 各部件的连接应牢固可靠，保证不因振动、突然停机等情况而产生松动。

5.5 所有锁紧装置应安全可靠，开启方便。

5.6 粉碎机人工喂入口工作台的高度应为700 mm～1100 mm。

5.7 装有机械喂入机构或铡切机构的饲草粉碎机喂入口处应设防护罩，防护罩到喂入辊轴线的水平距离应＞450 mm。

6 机具操作及注意事项

6.1 操作人员必须阅读产品使用说明书，按产品使用说明书的规定进行调整和保养，检查各紧固件是否锁紧；严格按使用说明书的规定进行操作。

6.2 在保证人机安全的情况下，启动开机，空运转2 min～3 min后方能送料。

6.3 工作中要随时注意粉碎机的运转情况，送料要均匀，不得长时间超负荷运转。

6.4 禁止在机器运转时排除故障。

6.5 作业时如发生异常声响、轴承与机体温度过高等现象，应立即停机检查，排除故障后方可继续工作。

6.6 工作完毕后须空运转1 min～2 min，待机器内部的物料全部排出后，方能停机。

6.7 作业结束后应及时除尘，保养机具。

6.8 操作人员应扎紧袖口，佩戴口罩，严禁戴手套作业；送料时应站在粉碎机入料口侧面。

6.9 严禁操作人员酒后、带病或过度疲劳时开机作业。

6.10 未经技术培训的人员不得操作机具。

7 机具维护与调整

7.1 筛网的修理和更换

当筛网出现磨损或被异物击穿时，若损坏面积≤150 mm^2，可用铆补或锡焊的方法修复；若损坏面积＞150 mm^2，应及时更换新筛。安装筛网时，应使筛孔带毛刺的一面朝里，光面朝外，筛片和筛架要贴合严密。安装环筛筛片时，其搭接里层茬口应顺着旋转方向。

7.2 轴承的润滑与更换

粉碎机每工作300 h后，应保养轴承。当粉碎机轴承严重磨损或损坏，应立即更换，并按要求及时做好润滑；使用圆锥轴承的，应注意检查轴承轴向间隔，使其保持在0.2 mm～0.4 mm。

7.3 齿爪与锤片的更换

7.3.1 齿爪及锤片磨损后应及时更换。

7.3.2 齿爪式粉碎机更换齿爪时，应成套更换，并在更换后做静平衡试验；不得漏装弹簧垫圈。

7.3.3 换齿时应选用合格件，单个齿爪的重量差 < 1.0 g。

7.3.4 锤片式粉碎机的锤片，若一端两角都已磨损，应调头使用，并注意将全部锤片同时进行调头；主轴、圆盘、定位套、销轴、锤片装好后，应做静平衡试验。

7.4 机具调整

7.4.1 在盛料斗下部有一块闸板或挡板，通过调整闸板或挡板的开度控制喂入量。

7.4.2 一般粉碎机都有孔径不同的二至三种筛网，使用时更换不同孔径的筛网，可得到不同的粉碎粒度。在安装筛网时，应根据转子的旋转方向，正确选择筛网接头处的搭接方式，让内侧接口方向与旋向相同；若筛网筛孔为锥形，应将大孔端朝外装。

7.4.3 装有风机的粉碎机在调整粉碎粒度时，可通过调节风门的大小来进行控制。

ICS 65.020.20
CCS B 05
备案号:54970—2017

DB63

青　海　省　地　方　标　准

DB63/T 1528—2017

青贮玉米纪元8号丰产栽培技术规范

2017-03-17发布　　2017-06-17实施

青海省质量技术监督局　发布

前 言

本规范的编写符合GB/T 1.1—2009给出的规则。

本规范由青海省农林科学院提出并归口。

本规范起草单位：青海省农林科学院作物育种栽培研究所。

本规范主要起草人：贺晨帮、王敏、叶景秀、韩梅、王国成、王春兰、王国兰、宋文彪、李荣、张有安、韩元邦、熊斌。

青贮玉米纪元8号丰产栽培技术规范

1 范围

本规范规定了青贮玉米纪元8号的产量指标、备耕、覆膜、播种、田间管理、收获等丰产栽培技术规范。

本规范适用于东部农业区水浇地和低、中位山旱地及柴达木盆地灌区种植纪元8号玉米时使用。

2 规范性引用文件

下列文件对于本文件的应用是必不可少的。凡是注日期的引用文件，仅所注日期的版本适用于本文件。凡是不注日期的引用文件，其最新版本（包括所有的修改单）适用于本文件。

GB/T 4285 农药安全使用标准

GB/T 4404.1 粮食作物种子 禾谷类

DB63/T 1290 全膜双垄玉米丰产栽培技术规范

3 产量指标

山旱地条件下，全株鲜重每公顷67.500吨～90.000吨（每亩4500.00千克～6000.00千克）；水浇地条件下，全株鲜重每公顷90.000吨～120.000吨（每亩6000.00千克～8000.00千克）。

4 栽培技术

4.1 备耕

4.1.1 选地

选择马铃薯、油菜作物茬口，地势平坦、土层深厚的地块。水浇地实行2年以上轮作，低、中位山旱地实行3年以上轮作。

4.1.2 整地

前茬作物收获后及时深翻，耕深25.00厘米以上，耕深一致，不重耕漏耕，覆膜前平整土地。

4.1.3 土壤处理

结合翻地或覆膜前整地，在地下害虫发生严重的地块和杂草生长严重的地块施用高效、安全、广适的农药进行土壤喷雾处理。农药使用按照GB/T 4285的规定执行。

4.1.4 施肥

有机肥选用商品有机肥，每公顷3000.000吨～4500.000吨（每亩200.00千克～300.00千克）。

秋覆膜以45%缓释玉米专用肥为主，结合起垄施入小垄内作底肥，每公顷0.600吨～0.900吨（每亩40.00千克～60.00千克）；折合每公顷纯氮0.090吨～0.135吨（每亩6.00千克～9.00千克），每公顷五氧化二磷0.090吨～0.135吨（每亩6.00千克～9.00千克），每公顷氧化钾0.090吨～0.135吨（每亩6.00千克～9.00千克）。

春覆膜以磷酸二铵和尿素为主，磷酸二铵每公顷0.300吨～0.450吨（每亩20.00千克～30.00千克），尿素每公顷0.300吨～0.375吨（每亩20.00千克～25.00千克）；折合每公顷纯氮0.192吨～0.254吨（每亩12.80千克～16.90千克），每公顷五氧化二磷0.138吨～0.207吨（每亩9.20千克～13.80千克）。

4.2 覆膜

4.2.1 覆膜时间

秋覆膜，在秋季前茬作物收获后至土壤封冻前及早覆膜；

春覆膜，当气温稳定通过2 ℃～3 ℃，土壤解冻12.00厘米～15.00厘米时覆膜。

4.2.2 起垄覆膜

全膜双垄覆膜按照DB63/T 1290的规定起垄覆膜。

单垄覆膜选用厚度DB63/T 1290规定的地膜，幅宽90.00厘米～120.00厘米。起垄时按地膜幅宽起垄，垄宽以地膜幅宽减去20.00厘米～30.00厘米为准，膜两边各留10.00厘米～15.00厘米取土压在相邻两垄的垄沟内，垄沟宽20.00厘米～30.00厘米，每隔2.00米～3.00米取土横覆在垄面上，保证地膜平整；垄高10.00厘米～15.00厘米；依次覆完整个地块。

4.3 播种

4.3.1 选种

选用种子质量符合GB/T 4404.1的规定的种子。

4.3.2 播种期

当气温稳定通过8 ℃～10 ℃，土壤解冻12.00厘米～15.00厘米时播种，即在4月中下旬～5月中上旬适时播种。

4.3.3 播种方法

采用点播器点播或滚动式播种器穴播。全膜双垄玉米垄沟播种，宽行70.00厘米，窄行40.00厘米；单垄覆膜玉米垄面播种，种2行。播种深度5.00厘米～7.00厘米，行距35.00厘米～40.00厘米，株距20.00厘米～25.00厘米，每穴播1粒～2粒种子，播后用细沙土或牲畜圈粪土覆盖播种孔。

4.3.4 播种量

每公顷0.033吨～0.039吨（每亩2.20千克～2.60千克），保苗每公顷8.25万株～9.75万株（每亩5500株～6500株）。

4.4 田间管理

4.4.1 定苗

在苗期及时放苗、查苗、补苗，发现缺苗及时移栽，保证全苗；3叶～5叶期进行间苗、定苗，留壮苗，间弱苗，每穴留苗1株。

4.4.2 灌水

在苗期、大喇叭口期、抽雄吐丝期、灌浆期等生长时期灌水。

4.4.3 除草

单垄覆膜种植的地块在苗期除草1次～2次，同时疏松土壤；在穗期、花粒期视垄沟内杂草生长情况拔除1次～2次。

4.4.4 追肥

在大喇叭口期，用玉米点播器在两植株中间打孔追施尿素和磷酸二铵，尿素每公顷0.150吨～0.225吨（每亩10.00千克～15.00千克），折合每公顷纯氮0.069吨～0.104吨（每亩4.60千克～6.90千克）；磷酸二铵每公顷0.075吨～0.225吨（每亩5.00千克～10.00千克），折合每公顷五氧化二磷0.035吨～0.069吨（每亩2.30千克～4.60千克）。

4.4.5 病虫害防治

病虫害防治按照DB63/T 1290的规定执行。

4.5 收获

在乳熟末期至蜡熟初期，籽粒乳线在1/4处～1/2处，植株含水量65%～70%时整株收割。

ICS 65.120
CCS B 25
备案号:60221—2018

DB63

青　海　省　地　方　标　准

DB63/T 1663—2018

青饲玉米窖贮技术规范

Silage Corn Processing Techniques Rules

2018-06-25发布　　2018-09-25实施

青海省质量技术监督局　发布

前　言

本标准按照GB/T 1.1—2009给出的规则起草。

本标准由青海省农牧厅提出并归口。

本标准起草单位：青海省草原总站。

本标准主要起草人：邓艳芳、乔安海、刘华、郭树栋、张洪明、星学军、徐公芳、沈顺杰、李荣、唐俊伟、石凡涛、袁青杉、贾顺斌、马力、时善明、曹国兵

青饲玉米窖贮技术规范

1 范围

本标准规定了玉米青贮过程中的青贮窖、青贮玉米选择、青贮玉米原料制备、青贮玉米制作、感官品质鉴定、启用方法等技术。

本标准适用于青海省海拔1700 m～3200 m范围内的地区利用青贮窖进行青饲玉米青贮。

2 规范性引用文件

下列文件对于本文件的应用是必不可少的。凡是注日期的引用文件，仅所注日期的版本适用于本文件。凡是不注日期的引用文件，其最新版本（包括所有的修改单）适用于本文件。

NY/T 2698 青贮设施建设技术规范 青贮窖

3 青贮窖

3.1 青贮窖址选择

青贮窖建设应选择在地势高、干燥、地下水位低、排水好、土质坚硬、避风向阳、远离水源和污染源、取料方便的地方。

3.2 青贮窖建设方式

青贮窖建设要求窖底应高于地下水位1 m以上，方式有地下式、半地下式和地上式三种。地下水位低的地方采用地下式，地下水位高的地方采用半地下式或地上式。具体建造方式按NY/T 2698执行。

4 青贮玉米选择

选择优质丰产、适宜青贮的玉米品种，无病虫害健康植株，带穗玉米在乳熟期至蜡熟期及时刈割，剔除带有泥沙和腐烂变质的青贮玉米原料。

5 青贮玉米原料制备

5.1 青贮原料粉碎揉丝

青贮玉米原料揉丝或粉碎至4.5 cm～5.5 cm。

5.2 青贮原料水分要求

青贮玉米原料湿度控制在55%～65%。湿度≤55%时，要在青饲玉米原料中加适量的水或与其他多水分草混合贮存。湿度≥65%时，青饲玉米原料适当晾晒，或要在青饲玉米原料中加入一些粉碎的干料。

5.3 青贮原料密度要求

青贮原料按青贮窖青贮密度不低于500 kg/m^{3}制备。

6 青贮玉米制作

6.1 青贮窖准备

清洁窖体，在窖底、窖壁铺设一层黑色、厚80 μm～120 μm、无毒塑料薄膜，窖底部铺上20 cm厚的清洁干草秸秆。

6.2 青贮窖装填

青贮制作中使用添加剂时，把均匀掺入添加剂的青贮玉米原料逐层装入窖内，每装15 cm～35 cm压紧一次，逐层压紧，并高出青贮窖90 cm～100 cm，呈弧形屋脊状，将原料压实压紧，特别注意将窖壁及四角压实。在原料上面铺一层15 cm～20 cm厚的干草后盖一层塑料薄膜，并覆盖拍实压紧。

青贮玉米原料要求当天完成粉碎或揉丝、装填。不使用添加剂方法同上。

6.3 密封发酵

青贮制作完成后，保证密封隔绝空气，pH值保持≤5.0，连续发酵30 d～50 d。

6.4 后期管护

密封青贮后一周内经常检查窖顶，如有青贮玉米原料下沉造成顶盖裂缝、塌陷，及时加以修整拍实，排除顶部积水，防止透气渗水。

7 感官品质鉴定

7.1 优等标准

优良的青贮玉米秸秆颜色有光泽，呈青绿色或黄绿色，与原料相似，烘干后呈淡褐色，具有浓郁酒酸香味，质地柔软，疏松易分离，稍湿润紧密，茎叶花保持原状。

7.2 中等标准

中等品质的青贮玉米秸秆颜色呈淡黄色或淡黄褐色，略有变色，气味有淡芳香味，微强的酸味，质地柔软，水分多，茎叶花部分保持原状，结构保持较差。

7.3 劣等标准

劣等品质的青贮玉米秸秆呈黑色、褐色或墨绿色，有很强的粪味、霉败味，或有很强的堆肥味，干、松散或结成黏块，茎叶腐烂呈污泥状，污染严重。

8 启用方法

8.1 启用时间

封窖后，青贮玉米连续发酵30 d～50 d后即可启封饲喂。饲喂时应与其他饲草搭配混合饲喂，循序渐进，逐渐增加饲喂量；停喂时也应逐步减量。冰冻及新取的青贮料应解冻摊晾后再饲喂。劣等青贮饲料不能饲喂家畜。

8.2 取料方法

选择向阳一头开启，剥掉窖顶覆盖物，揭去塑料薄膜，并去掉盖在上面的干草，从上到下分段取用，一直取到窖底。每天向里取一截，直至用完。每次取完所需青贮料后，及时覆盖窖面或取料的剖面，防止青贮料面暴露。

8.3 取料数量

取料数量以当日喂完为准，随取随用。各类家畜具体饲喂量，应根据家畜的种类、年龄、生产水平、青贮饲料品质等决定。中等以下青贮饲料应减少饲喂量。

ICS 65.020.20
CCS B 20
备案号:63502—209

DB63

青 海 省 地 方 标 准

DB63/T 1731—2019

高寒牧区小黑麦和箭筈豌豆混播及青贮利用技术规程

2019-04-11发布 2019-06-20实施

青海省质量技术监督局 发布

前 言

本标准依据GB/T 1.1—2009的规则起草。

本标准由中国科学院西北高原生物研究所提出并归口。

本标准起草单位：中国科学院西北高原生物研究所、青海省草原总站、海北州草原工作站、青海现代草业发展有限公司、玉树州草原工作站。

本标准主要起草人：赵娜、邹小艳、赵新全、郭松长、胡林勇、徐田伟、姚雷鸣、吉汉忠、王有彬、邓艳芳、徐世晓、赵亮、周华坤、刘宏金、王循刚、张晓玲、马力、李国梅、萨仁高娃。

高寒牧区小黑麦和箭筈豌豆混播及青贮利用技术规程

1 范围

本规程规定了高寒牧区小黑麦（Triticosecale Wittmack）和箭筈豌豆（Vicia Sativa L.）混播栽培的土地整理、栽培技术、田间管理、收获加工及饲料品质鉴定等环节的技术要求。

本规程适用于在海拔4000 m以下地区进行小黑麦与箭筈豌豆的混播种植及利用。

2 规范性引用文件

下列文件对于本文件的应用是必不可少的。凡是注日期的引用文件，仅所注日期的版本适用于本文件。凡是不注日期的引用文件，其最新版本（包括所有的修改单）适用于本文件。

GB/T 6141　豆科草种子质量分级

GB/T 6142　禾本科草种子质量分级

DB63/T 240　青贮饲料技术规程

DB63/T 491　燕麦与一年生豆科饲料混播栽培技术规程

3 术语和定义

下列术语和定义适用于本文件。

3.1 青贮

将青绿的饲用植物（牧草、饲料作物、农作物秸秆、野草及各种藤蔓等）切碎后装入青贮容器（青贮塔、窑、壕、袋等）密封，在厌氧环境中以乳酸菌发酵为主的饲草调制方法。

3.2 千粒重

一千粒风干种子的质量，以克计。千粒重表示种子的绝对质量和大小。

3.3 分蘖期

50%的禾本科植株幼苗在基部茎节上生长出1 cm～2 cm侧芽为分蘖期。

3.4 拔节期

50%的禾本科植株第一个节露出地面1 cm～2 cm时为拔节期。

3.5 孕穗期

50%的禾本科植株在茎的内部形成穗原始体并基本上分化成穗时，即50%植株旗叶出现的时期。

3.6 乳熟期

50%的植株籽粒已经形成，并接近正常大小，呈浅绿色，籽粒内充满乳汁。

4 土地整理

4.1 地形、土壤选择

选择地势平坦、排水良好、土层深厚的地块，土壤pH值7～8。

4.2 整地

在头一年前茬收获后及时秋翻，耕深15 cm～20 cm。未进行秋翻的土地，播前要进行翻耕（深度20 cm～25 cm），耕后要及时耙耱碎土，清除残茬，整平待播。

4.3 施肥

对所选地块依次进行施底肥、翻耕、耙、耱等工作。在翻耕前施20000 kg/hm^2～30000 kg/hm^2有机肥。

5 栽培技术

5.1 播种材料

选择三级以上的禾豆类种子。按照GB/T 6142和GB/T 6141执行。

5.2 种子处理

箭筈豌豆的种子采用隔年的种子，播前晒种2天～3天，或在30 ℃～35 ℃的条件下，进行温热处理。

5.3 播种方法

采用分层施肥条播机进行条播。条播时将小黑麦和箭筈豌豆种子分开，小黑麦种子放入前箱，箭筈豌豆放入肥料箱，行距15 cm～30 cm，播后要镇压、耱地，播种深度3 cm～4 cm，最深不超过5 cm。

5.4 播种期

播种期为5月中下旬。

5.5 播种量

小黑麦和箭筈豌豆混播时按照质量比为7：3进行播种。混播时小黑麦播种量为157.5 kg/hm^2，箭筈豌豆播种量为67.5 kg/hm^2。

6 田间管理

6.1 灌溉

有灌溉条件的地区，在小黑麦拔节及孕穗期进行灌溉。灌溉次数按照DB63/T 491的有关规定执行。

6.2 追肥

降雨前或结合灌溉追施氮肥，用量为纯氮34.5 kg/hm^2～69 kg/hm^2。

6.3 除草

小黑麦分蘖期人工除草一次，禾豆混播种植的田间杂草的防除按照DB63/T 491的有关规定执行。

7 收获

在小黑麦乳熟期和箭筈豌豆开花期时进行收获。

8 青贮技术

8.1 原料含水量

刈割后的青草就地铺摊晾晒，每隔3小时～4小时翻动一次，等枝叶含水量达到65%～75%，收集青草待用。

8.2 调制方法

采用青贮袋、青贮壕或者捆裹青贮等方式，调制方法按照DB63/T 240的相关规定执行。

9 青贮饲料品质鉴定

9.1 感官评定

通过青贮牧草的色泽、气味和质地的组成进行综合判定。具体按照DB63/T 240的要求执行。

9.2 综合评定

通过青贮牧草的pH值、水分、气味、色泽、质地得分加和后进行综合评分。鉴定方法参见附录A。

10 利用

家畜在完全舍饲状态下饲喂的要求如下：

a）牦牛在完全舍饲状态下按如下要求进行饲喂：

1）育肥前期（舍饲开始第1天至第13天）青干草饲喂量从每只每天12600 g下降到每只每天

7000 g；

2）育肥中期（舍饲开始第14天至第104天）青干草饲喂量为每只每天2000 g，青贮牧草饲喂量为每只每天3800 g；

3）育肥后期（舍饲开始第105天至第165天）青干草饲喂量为每只每天1000 g，青贮牧草饲喂量为每只每天2000 g。

b）藏系绵羊成年羊在完全舍饲状态下按如下要求进行饲喂：

1）育肥前期（舍饲开始第1天至第13天）青干草饲喂量从每只每天2300 g下降到每只每天1250 g；

2）育肥中期（舍饲开始第14天至第45天）青干草饲喂量为每只每天400 g，青贮牧草饲喂量为每只每天550 g；

3）育肥后期（舍饲开始第46天至第80天）青干草饲喂量为每只每天200 g，青贮牧草饲喂量为每只每天450 g。

附　录　A
（资料性附录）
禾豆混播青贮牧草质量评定的综合评分标准

表A.1给出了禾豆混播青贮牧草质量评定的综合评分标准。

表A.1　禾豆混播青贮牧草质量评定的综合评分标准

项目	PH值	水分	气味	色泽	质地
总配分	25	20	25	20	10
优等（选择）	3.6（25） 3.7（23） 3.8（21） 3.9（20） 4.0（18）	70%（20） 71%（19） 72%（18） 73%（17） 74%（16） 75%（14）	酸香味 舒适感 （18～25）	亮黄色 （14～20）	松散软弱 不黏手 （8～10）
良好（选择）	4.1（17） 4.2（14） 4.3（10）	76%（13） 77%（12） 78%（11） 79%（10） 80%（8）	酸臭味 酒酸味 （9～17）	金黄色 （8～13）	中间 （4～7）
一般（不选）	4.4（8） 4.5（7） 4.6（6） 4.7（5） 4.8（3） 4.9（1）	81%（7） 82%（6） 83%（5） 84%（3） 85%（1）	刺鼻酸味 不舒适感 （1～8）	淡黄褐色 （1～7）	略带黏性 （1～3）
劣等（不选）	5.0以上（0）	86%以上（0）	腐败味 霉烂味 （0）	暗褐色 （0）	腐烂发黏结块 （0）

ICS 65.020.01
CCS B 05
备案号:86549—2022

DB63

青 海 省 地 方 标 准

DB63/T 1999—2021

青贮玉米丰产栽培技术规范

2021-12-25发布 2022-02-01实施

青海省市场监督管理局 发布

前 言

本文件按照GB/T 1.1—2020《标准化工作导则　第1部分：标准化文件的结构和起草规则》的规定起草。

本文件由青海省农业农村厅提出并归口。

本文件起草单位：中国科学院西北高原生物研究所、青海省农作物种子站、青海省农林科学院（青海大学农林科学院）。

本文件主要起草人：陈志国、崔文彦、马德林、李文军、贺晨帮、马玉清、雷艳芬、张家生、王春兰、张燕霞、韩金花、赵明月、张建山、丁秀芳、甘淑萍、杨学贵、韩建琪、柏章荣、郭仁世、邢瑜、保守智、毛小锋。

本文件由青海省农业农村厅监督实施。

青贮玉米丰产栽培技术规范

1 范围

本文件规定了青贮玉米品种栽培的产量指标、备耕、覆膜、播种、田间管理、收获等技术指标。本文件适用于种植青贮玉米品种时使用。

2 规范性引用文件

下列文件中的内容通过文中的规范性引用而构成本文件必不可少的条款。其中，注日期的引用文件，仅该日期对应的版本适用于本文件；不注日期的引用文件，其最新版本（包括所有的修改单）适用于本文件。

GB/T 4404.1 粮食作物种子 第1部分：禾谷类

GB/T 8321.10 农药合理使用准则（十）

DB63/T 1290 全膜双垄玉米丰产栽培技术规范

3 术语和定义

下列术语和定义适用于本文件。

3.1 青贮玉米

在适宜收获期内收获包括果穗在内的地上全部绿色植株，并经切碎、加工，适宜用青贮发酵的方法来制作青贮饲料以饲喂牛、羊等为主的草食牲畜的一种玉米。

4 品种选择

选择通过青海省农作物品种审定委员会审定或引种备案的品种，适宜种植品种及地区按照附录A执行。

5 产量指标

东部农业区河湟谷地全株鲜重130.500 t/hm^2～150.000 t/hm^2（8700.00 kg/667 m^2～10000.00 kg/667 m^2）。

环湖农业区台地海北州、海南州全株鲜重75.000 t/hm^2～127.500 t/hm^2（5000.00 kg/667 m^2～8500.00 kg/667 m^2）。

柴达木盆地灌区全株鲜重127.500 t/hm^2～150.000 t/hm^2（8500.00 kg/667 m^2～10000.00 kg/667 m^2）。

6 备耕

6.1 选地

选择地势平坦、土层深厚的地块种植，忌连作。

6.2 整地

前茬收获后及时深翻，耕深25.00 cm以上。

6.3 土壤处理

结合翻地或覆膜前整地，地下害虫发生和杂草生长严重的地块施用高效、安全、广适的农药进行土壤处理。农药使用按照GB/T 8321.10的规定执行。

6.4 施肥

有机肥选用商品有机肥，3000.000 t/hm^2～4500.000 t/hm^2（200.00 kg/667 m^2～300.00 kg/667 m^2）。基肥折合氮0.192 t/hm^2～0.254 t/hm^2（12.80 kg/667 m^2～16.90 kg/667 m^2）、五氧化二磷0.138 t/hm^2～0.207 t/hm^2（9.20 kg/667 m^2～13.80 kg/667 m^2）。

6.5 覆膜及方法

气温稳定通过2 ℃～3 ℃时覆膜。采用平畦覆盖，畦宽1.20 m～1.30 m，播种前将地膜平铺畦面，四周用土压紧，两幅膜间间隔30.00 cm～35.00 cm。

7 播种

7.1 选种

选用质量符合GB/T 4404.1规定的种子。

7.2 播种期

气温稳定达到8 ℃～10 ℃时播种。东部农业区河谷地区4月中旬～4月下旬，环湖农业区5月上旬～5月中旬，柴达木盆地灌区4月中旬～5月上旬。

7.3 播种方法

机械播种，一次性完成施肥、播种、喷洒除草剂等作业；根据膜宽和垄距确定种植行数和行距，一般选用80.00 cm～90.00 cm地膜时，每幅2行，行距30.00 cm～40.00 cm，选用100.00 cm～120.00 cm地膜时，每幅3行，行距30.00 cm～40.00 cm，株距20.00 cm～33.00 cm；播种深度4.00 cm～5.00 cm，每穴播1粒～2粒种子。

点播器点播或滚动式播种器穴播，行距35.00 cm～40.00 cm，株距20.00 cm～25.00 cm，播种深4.00 cm～5.00 cm，每穴播1粒～2粒种子，播后覆盖播种孔。

7.4 播种量

0.033 t/hm^2～0.039 t/hm^2（2.20 kg/667 m^2～2.60 kg/667 m^2），保苗每公顷7.50万株～9.00万株（每667 m^{2}为5000株～6000株）。

8 田间管理

8.1 定苗

苗期及时放苗、查苗、补苗，3叶～5叶期进行间苗、定苗，留壮苗，间弱苗，每穴留苗1株。

8.2 灌溉

有灌溉条件的地区，在苗期、大喇叭口期、抽雄吐丝期、灌浆期等生长时期根据土壤墒情灌水1次～4次。

8.3 除草

苗期除草1次～2次。

8.4 追肥

大喇叭口期采用人工或机械追施化肥，纯氮0.069 t/hm^2～0.104 t/hm^2（4.60 kg/667 m^2 ～6.90 kg/667 m^2），五氧化二磷0.035 t/hm^2～0.069 t/hm^2（2.30 kg/667 m^2～4.60 kg/667 m^2）。

8.5 病虫害防治

按照DB63/T 1290的规定执行。

9 收获

在乳熟末期至蜡熟初期，籽粒乳线在1/2处～2/3处，植株含水量65%～70%时整株收割。

附 录 A
（资料性）
全省主要推广青贮玉米品种

表A.1给出了全省主要推广青贮玉米品种。

表A.1 全省主要推广青贮玉米品种情况表

品种名称	审定或备案编号	熟性	适宜种植区域	备注
纪元8号	青审玉2015001	中晚熟	东部农业区河湟灌区水地、低位山旱地和柴达木盆地灌区覆膜种植	
铁研53	青引玉2018001	中晚熟	东部农业区低、中位山旱地，海南台地等区域覆膜种植	
屯玉168	青引玉2019001	中晚熟	东部农业区、海西柴达木盆地等区域覆膜种植	
青早510	青审玉2018002	早熟	海拔2500米～3000米的东部农业区中、高位山旱地、海南台地和柴达木盆地灌区青贮种植	
金穗3号	青审玉2012001	中晚熟	东部农业区海拔2200米以下的温暖地区覆膜种植	粮饲兼用
豫玉22	青引玉2020001	晚熟	河湟灌区温暖水地覆膜种植	粮饲兼用
佳玉538	青引玉2021006	中早熟	东部农业区河谷地区、海南台地及柴达木盆地覆膜种植	
金穗1915	青引玉2021001	中晚熟	东部农业区温暖灌区覆膜种植	
先玉1321	青引玉2021002	中晚熟	东部农业区温暖灌区覆膜种植	
先玉1219	青引玉2021003	中晚熟	东部农业区温暖灌区覆膜种植	
先玉696	青引玉2021004	中晚熟	东部农业区温暖灌区覆膜种植	
先玉698	青引玉2021005	中晚熟	东部农业区温暖灌区覆膜种植	

第三篇

养殖技术

一、良种繁育

ICS 65.020.30
CCS B 44
备案号:18171—2006

DB63

青　海　省　地　方　标　准

DB63/T 547.2—2005

青海藏羊繁育技术规范

Technical regulation on Tibetan sheep breeding in Qinghai

2005-09-30发布　　2005-11-01实施

青海省质量技术监督局　发布

前 言

为了保持和发展藏羊已有的优良特性，增加优良个体数量，达到保持品种纯度和提高品种整体质量的目的，制定青海省藏羊繁育技术规范。

本标准的附录A为规范性附录。

本标准由青海省农牧厅提出。

本标准由青海省技术监督局批准。

本标准起草单位：青海省畜牧兽医总站。

本标准主要起草人：郭继军、吴成顺。

青海藏羊繁育技术规范

1 范围

本标准规定了青海省藏羊繁育技术的术语和定义、繁殖技术、配种选配、繁育方法。本标准适用于饲养在青海省境内的藏羊生产过程中所涉及的繁育技术。

2 规范性引用文件

下列文件中的条款通过本标准的引用而成为本标准的条款。凡是注日期的引用文件，其随后所有的修改单（不包括勘误的内容）或修订版均不适用于本标准，然而，鼓励根据本标准达成协议的各方研究是否可使用这些文件的最新版本。凡是不注日期的引用文件，其最新版本适用于本标准。

DB63/T 453.5 青海省肉羊繁殖技术规程

DB63/T 039 青海藏羊

3 术语和定义

下列术语和定义适用于本标准。

3.1 人工授精 artificial insemination

是用人工方法采取公羊的精液，注入发情母羊的生殖道内，使母羊受胎的一种繁殖技术。

3.2 选种 selection

就是通过综合选择，选出符合人们要求的羊只留作种用，同时把不符合要求的个体从畜群淘汰或留下进一步改良，最终达到改善和提高羊群品质的目的。

3.3 系谱 pedigree

系谱是一头绵羊先代情况的记载，说明其祖先的生产性能和等级情况。

3.4 后裔测验 progeny test

即通过后代的特征和性能来评定种羊的种用价值。

3.5 选配 mating system

所谓选配就是对于公、母羊配偶个体的选择，是为了使公、母羊相同的优点得到进一步的巩固和提高，缺点得到纠正，进而生产品质优良的后代。

3.6 同质选配　mating like to like

就是选择优点相同的公、母羊交配，目的在于巩固并发展这些优点。

3.7 异质选配　mating unlike to unlike

选择在主要性状上互不相同的公、母羊交配，目的在于以一方的优点纠正或补充另一方的缺点或不足，或者结合双方的优点创造一个新类型。

3.8 亲缘选配　mating relative to relatives

具有一定血缘关系（近交系数大于0.78%）的公、母之间的选配。

3.9 品系　line strain

在同一品种内具有某些共同的突出特点，并能将这些特点相对稳定地遗传下去，且个体间有一定程度的亲缘关系的一定数量的群体。

4 繁殖技术

4.1 配种适龄

在良好的饲养管理条件下，育成羊活重达到成年羊体重的60%～70%时可以开始繁殖配种。一般在1.5岁以后开始配种。

4.2 配种季节

发情季节一般在7月中旬，到8月中旬达到发情盛期，9月份配种基本结束。

4.3 配种方法

4.3.1 自由交配

将公羊放入母羊群中让其自行与发情母羊交配。主要缺点：系谱不清，不能进行选配；容易导致近交。

4.3.2 人工辅助交配

公、母羊分群放牧，配种季节指定公羊与发情母羊交配。主要优点：能够进行选配工作；可以预测产羔日期。

4.3.3 人工授精

按DB63/T 453.5附录A的规定执行。

4.4 产羔技术

4.4.1 妊娠期

开始妊娠到分娩的时期为妊娠期。羊的妊娠期平均为150 d。

4.4.2 产房要求

产羔舍要求宽敞、光亮、清洁、通风良好。舍内墙壁、地面及一切用具都要进行消毒。为使地面干燥，应撒生石灰消毒，然后铺上干净褥草。产羔舍的温度一般以4 ℃～8 ℃最适宜。

4.4.3 脐带消毒

脐带自然断裂，在断端涂5%的碘酊消毒。如脐带未断，可在离脐带基部约10 cm左右中细的部位，用手指向脐带两边挤去血液后拧断，或用剪刀剪断。

5 繁育方法

5.1 品系繁育

5.1.1 组建品系基础群

5.1.1.1 按血缘关系组群。

5.1.1.2 按表型特征组群。

5.1.2 闭锁繁育

品系基础群建立以后，不能再从群外引入公羊，只能在群内进行繁育。

5.2 本品种选育

在本品种内部通过选种选配、品系繁育、改善饲养管理条件等措施，提高品种性能。

5.2.1 本品种选育原则

5.2.1.1 保持本品种的优点。

5.2.1.2 克服本品种的缺点。

5.2.1.3 提高本品种的生产性能。

5.2.2 本品种选育措施

5.2.2.1 健全品种等级结构

品种等级结构由核心群、种畜繁殖群和商品群组成。核心群向种畜繁殖群提供种畜，种畜繁殖群向商品群提供种畜，特别是种公畜。

5.2.2.2 选种选配

对本品种的某一方面不足或缺点，加大选择强度，加快改良速度。对于核心群，可以采用不同程度的近交，以优配优，选育出高产个体，特别要选育出优秀种公羊。

5.2.2.3 人工授精

人工授精可以扩大种公羊的配种效率，充分发挥种公羊在本品种改良中的作用。

5.2.2.4 加强饲养管理

良种只有在适宜的饲养管理条件下才能充分显现其高产潜力。藏羊的本品种选育应该在保障全年均衡营养供应的前提下进行。

6 本品种选育的方法

按照DB/T 63/039执行

6.1 选种

6.1.1 个体品质评定

6.1.1.1 个体鉴定

按照DB63/T 039执行。

6.1.1.2 其他指标

对生长发育、肉用性能、繁殖性能、毛用性能、皮用性能等进行综合评价。测定按《青海藏羊生产性能测定技术规范》有关要求进行。

6.1.2 系谱审查

对后代品质影响最大的是亲代，其次是祖代、曾祖代，进行系谱审查时一般只考查2～3代。考查内容包括先代的生产性能和羊毛品质、繁殖力、品种特征等。

6.1.3 后裔测验

后裔测验的羊群，给予良好的饲养管理条件，确保正常的生长和发育。对不同公羊的后裔，尽可能在同样或相似的环境中饲养，排除不同环境的影响。后裔测验可以采用母女对比法和同龄后代对比法。

6.2 选配

6.2.1 选配原则

6.2.1.1 公羊品质必须高于母羊。
6.2.1.2 优良的公、母羊除了有目的地杂交外，都应进行同质选配。
6.2.1.3 在某方面有缺点的母羊选配公羊时，必须选择在这方面具有特别优点的公羊与之交配。
6.2.1.4 采用亲缘选配时应当特别谨慎，不得滥用。
6.2.1.5 避免使用过幼、过老的种羊。
6.2.1.6 及时总结选配效果。

6.2.2 品质选配

分为同质选配和异质选配。主要用于个体选配和群体选配。

6.2.2.1 个体选配

为少数优秀母羊选配更理想的公羊，以期获得比母羊更优良的后代。

6.2.2.2 **群体选配**

把优、缺点相同的母羊归类，然后指定一头或几头优秀的公羊与之配种。

6.2.3 亲缘选配

6.2.3.1 选配双方必须是健康状况良好，生产性能高以及没有严重缺陷。
6.2.3.2 对亲代和子代都应给予良好的饲养管理条件。
6.2.3.3 亲缘选配所获得的后代，必须进行严格鉴定，选留体质结实、体格强壮的个体作为种用。
6.2.3.4 羊群近交系数控制在以中亲（近交系数为1.562%）为主的亲缘选配程度上。

6.3 组群

6.3.1 公、母、成、幼分开组群

6.3.2 等级羊群，将符合藏羊选育等级鉴定标准的1～3级羊，按级组成等级群，按级或混级组群。
6.3.3 一般羊群，凡被毛白色、品质达不到等级鉴定标准的，单独组群。
6.3.4 杂色羊群，凡被毛杂色或具有有色纤维的母羊均属此群。

6.4 幼畜培育

按照《青海藏羊饲养管理技术规范》的附录B执行。

ICS 65.020.01
CCS B 43
备案号:18172—2006

DB63

青 海 省 地 方 标 准

DB63/T 547.3—2005

青海藏羊生产性能测定技术规范

Technical regulation on Tibetan sheep property testing in Qinghai

2005-9-30发布 2005-11-1实施

青海省质量技术监督局 发布

前 言

本标准规范了藏羊的生产性能测定技术，为青海省藏羊生产和繁育提供可靠依据。

本标准由青海省农牧厅提出。

本标准由青海省技术质量监督局批准。

本标准起草单位：青海省畜牧兽医总站。

本标准主要起草人：郭继军、吴成顺。

青海藏羊生产性能测定技术规范

1 范围

本标准明确规定了青海省藏羊的生长发育、繁殖性能、产毛性能、产肉性能和皮革等相关指标的测定。

本标准适用于青海省藏羊生产基地、羊场和养羊户在藏羊生产过程中所涉及的繁育技术。

2 规范性引用文件

下列文件中的条款通过本标准的引用而成为本标准的条款。凡是注日期的引用文件，其随后所有的修改单（不包括勘误的内容）或修订版均不适用于本标准，然而，鼓励根据本标准达成协议的各方研究是否可使用这些文件的最新版本。凡是不注日期的引用文件，其最新版本适用于本标准。

NY/T 74　羊毛样品采集方法

NY/T 76　羊毛细度测定方法

NY/T 77　羊毛长度测定方法

3 术语和定义

下列术语和定义适用于本标准。

3.1 体尺测量　body measurement for livestock

用专用器具对羊只体躯不同部位进行的测定工作，是研究外貌、估测体重和生产性能的一种手段。主要包括体高、体斜长、胸围、管围。

3.2 生长发育　growth and development

生长是指生物体整体及各个部分的重量和大小所发生的量上的增长。发育是指生物体形态结构的改变与机体内各种机能逐步达到完善的过程。

3.3 羊毛长度　wool length

毛丛在自然状态下两端间的直线距离。

3.4 羊毛细度　wool fineness

羊毛纤维横切面的直径或宽度。

4 生长发育测定

4.1 测定项目

包括体高、体斜长、胸围、管围和体重。

4.2 测定年龄

初生、断奶、6月龄、12月龄、18月龄、24月龄。

4.3 测定方法

4.3.1 体高

用测杖测量羊鬐甲最高点到地平面的距离。

4.3.2 胸围

用软尺测量羊肩胛骨后缘绕胸一周的长度。

4.3.3 管围

用软尺测量羊前肢管骨上1/3最细部位的周径。

4.3.4 体斜长

用测杖测量羊肩端前缘至坐骨结节后缘的直线距离。

4.3.5 体重

用台秤或杆秤在羊空腹前称重。

5 繁殖性能测定

5.1 测定项目

主要测定母羊和公羊的繁殖性能，并计算授配率、受胎率、产羔率、繁殖成活率等指标。

5.2 测定方法

5.2.1 母羊繁殖性能

5.2.1.1 受配率

本年度参加配种的母羊数占羊群适龄母羊数的百分率。反映羊群内适龄母羊的发情和配种情况。

$$授配率=\frac{参加配种的母羊数}{羊群内适龄繁殖母羊数}\times 100 \quad (1)$$

5.2.1.2 受胎率

本年度内配种后妊娠母羊数占参加配种母羊的百分率。

$$受胎率=\frac{年度内配种后妊娠母羊数}{参加配种母羊数}\times 100 \quad (2)$$

5.2.1.3 羔羊成活率

$$羔羊成活率=\frac{产活羔羊数}{妊娠母羊数}\times 100 \quad (3)$$

5.2.1.4 繁殖成活率

本年度内断奶的羔羊数占羊群中适龄繁殖母羊数的百分率，是母羊受配率、受胎率、羔羊成活率的综合反映。

$$繁殖成活率=\frac{断奶羔羊数}{适龄繁殖母羊数}\times 100 \quad (4)$$

5.2.2 公羊繁殖性能

5.2.2.1 射精量

指采精时公畜一次射出的精液毫升数。单层集精杯本身带有刻度，采精后直接观测即可。双层集精杯，则要吸入有刻度的玻璃管中观测。

5.2.2.2 精子活力

对采精后、稀释后的精液分别进行活力检查。用已消毒的干净玻璃棒取出原精液一滴，或用生理盐水稀释过的精液一滴，滴在载玻片上，盖上盖玻片，然后在400倍～600倍的显微镜下观察。观察时室温不得低于18 ℃。

评定精子活力可用五分评定法。在400倍～600倍的显微镜下，全部精子作直线前进活动的为五分，80%精子作直线前进活动的为四分，依次类推，每减少20%减一分，如果精液内只看到摇摆运动而无直线前进的精子，说明无活力，如果精子全不活动，则以“死”表示。

5.2.2.3 精子密度

以密、中、稀、无表示。密——在视野内看见布满密集的精子而无空隙。中——精子之间可以看见空隙，但空隙不大。稀——精子之间有很大空隙。无——精液内看不见精子。

6 产毛性能测定

6.1 毛样采集

采集公母羊各30只。采集部位和方法按照NY/T74的规定执行。

6.2 测定项目

羊毛长度、细度、干死毛数量和产毛量。

6.3 测定方法

按NY/T 77 、NY/T 76的规定执行。干死毛数量的测定按DB63/T 039的规定执行。

7 产肉性能测定

7.1 测定项目

包括宰前活重、胴体重、净肉重、眼肌面积；计算屠宰率、净肉率、肉骨比。

7.2 测定方法

7.2.1 宰前活重

空腹24 h后临宰时的实际体重。

7.2.2 胴体重

屠宰放血后，剥去毛皮、去头、去内脏及前肢膝关节和后肢趾关节以下部分后，整个躯体（包括肾脏及其周围脂肪）静置30 min后所称的重量。

7.2.3 净肉重

将温胴体精细剔除骨头后余下净肉的重量。要求在剔肉后的骨头上附着的肉量及损耗的肉屑量不能超过300 g。

7.2.4 眼肌面积

测定倒数第1与第2肋骨之间脊椎上眼肌（背最长肌）的横切面积。一般用硫酸绘图纸描绘出眼肌横切面的轮廓，可用下面公式估测。

$$\text{眼肌面积（cm}^2\text{）}=\text{眼肌高度}\times\text{眼肌宽度}\times 0.7 \tag{5}$$

7.3 计算

7.3.1 屠宰率

$$\text{屠宰率}=\frac{\text{胴体重}}{\text{宰前活重}}\times 100 \tag{6}$$

7.3.2 净肉率

$$净肉率 = \frac{净肉重}{胴体重} \times 100 \qquad (7)$$

7.3.3 骨肉比

$$骨肉比 = \frac{胴体骨重}{净肉重} \times 100 \qquad (8)$$

8 皮革测定

8.1 测定项目

主要包括板皮面积、颜色、鲜皮重、板皮厚度、板皮抗张强度。

8.2 测定方法

8.2.1 板皮面积

$$板皮面积 = 长 \times 宽 \qquad (9)$$

长——板皮颈部中点至尾根间的直线距离，用cm表示；

宽——板皮两边中点间的直线距离，用cm表示。

8.2.2 鲜皮重

屠宰羊只剥取的新鲜板皮重量，以kg表示。

8.2.3 板皮厚度

新鲜板皮剪去肩、体侧、背、臀部被毛后，折叠成双层，用游标卡尺或皮张厚度测表量取其双层厚度。以mm表示。

8.2.4 板皮抗张强度

指单位板皮面积上承载的抗张力程度。单位用kg/mm^2表示。采用拉力测试机测量。

8.2.5 黑裘皮

按DB63/T 431执行。

ICS 65.020.30
CCS B 43
备案号:26346—2009

DB63

青　海　省　地　方　标　准

DB63/T 822—2009

欧拉羊选育技术规范

2009-08-31发布　　2009-09-15实施

青海省质量技术监督局　发布

前 言

为了保持欧拉羊优良种质特性，提高个体和群体质量，及时淘汰劣质羊，发展高原特色肉羊产业，推动标准化建设，依据GB/T1.1—2000《标准化工作导则》，在总结课题组近年来河南县欧拉羊选育工作中的试验结果、成功技术和经验的基础上，参阅有关资料，特制定了本标准。

本规范附录A为规范性附录，附录B为资料性附录。

本规范由青海省畜牧兽医科学院和黄南州质量技术测试学会提出并归口。

本规范由青海省质量技术监督局发布。

主要起草单位：青海省畜牧兽医科学院、黄南州质量技术测试学会。

主要起草人：毛学荣、雷良煜、余忠祥、阎明毅、马德正、李国亮。

欧拉羊选育技术规范

1 范围

本规范规定了欧拉羊选种、选配、种羊培育等技术规范。

本规范适用于青海省境内的欧拉羊选育。

2 规范性引用文件

下列文件中的条款通过本标准的引用而成为本标准的条款。凡是注日期的引用文件，其随后所有的修改单（不包括勘误的内容）或修订版均不适用于本标准，然而，鼓励根据本标准达成协议的各方研究是否可使用这些文件的最新版本。凡是不注日期的引用文件，其最新版本适用于本标准。

DB63/T 039 青海藏羊

DB63/T 435 牛、羊规模饲养防疫技术

DB63/T 547.2 青海藏羊繁育技术规范

《中华人民共和国种畜禽管理条例》

《中华人民共和国动物防疫法》

3 术语和定义

下列术语和定义适合于本标准。

3.1 欧拉羊

是藏系绵羊品种中的一个特殊生态类型，是由于自然生态环境长期影响和人们世代不断的选育而形成的。体格大而壮实，四肢长而端正，背腰较宽平，胸、臀部发育良好，后躯较丰满，十字部稍高，被毛稀，头、颈、腹部及四肢多着生杂色短刺毛，少数具有肉髯。蹄质较致密，尾小呈扁锥形。公母羊都有角，向左右平伸或呈螺旋状向外上方斜伸。公羊前胸多着生粗硬的黄褐色“胸毛”。主要分布于青藏高原东部边缘青、甘、川三省交接的黄河第一弯曲部，对青藏高原高寒牧区恶劣的自然生态条件及四季放牧、粗放的饲养管理条件有很强适应性的混型毛被的羊种。

3.2 本品种选育

在同一品种内通过选种选配、品系繁育、改善培育条件等措施，提高品种生产性能，克服该品种的某些不足，达到保持品种纯度和提高品种整体质量的目的。

3.3 选种

就是通过综合选择，选出符合人们要求的羊只留作种用，同时把不符合要求的个体从畜群淘汰或留下进一步改良，最终达到改善和提高羊群品质的目的。

3.4 表型选择

根据绵羊个体鉴定和生产性能测定结果，进行综合评定和有比较地选择符合品种标准的个体作为种用。

3.5 系谱审查

指选种中对拟选种羊祖先的生产性能记录的审查过程。考查内容包括先代的生产性能和羊毛品质、繁殖力、品种特征等。对后代品质影响最大的是亲代，其次是祖代、曾祖代，进行系谱审查时，只考查2代～3代。

3.6 后裔测验

通过对年轻种公羊后代的体形外貌和生产性能的考查，从而确定种公羊种用价值的一种方法。

3.7 选配

指对公、母羊配偶个体的选择，使公、母羊相同的优点得到进一步的巩固和提高，缺点得到纠正，进而生产品质优良的后代。

3.8 亲缘选配

指具有一定血缘关系的公、母羊之间的交配。

3.9 绵羊鉴定

对绵羊个体的生产力、外貌、体质以及发育状况进行观测来评定羊只的品质优劣。

3.10 种羊培育

对经鉴定选留的种用公、母羊在生长发育阶段有目的、有计划地加强营养，改善饲养管理条件，以促进羊只的生长发育，发挥出应有的优良性状，达到品种标准。

4 选育技术和方法

4.1 选种

4.1.1 选种方法

种羊选择按欧拉羊体形外貌、体重和体尺指标进行表型选择（个体选择），兼顾系谱审查和后裔测验。

4.1.2 种羊鉴定

4.1.2.1 鉴定前对整个羊群从外貌整齐程度、体格大小、营养状况等进行观察，对羊群品质有总体概念。鉴定时从被鉴定羊的前、后及体侧观察体躯结构是否协调，体态是否丰满，站立姿势是否正确，典型外貌特征及生殖器官有无缺陷等。

4.1.2.2　鉴定时，按羊的体重和体尺大小，突出产肉性能，选出优良公、母羊。种公羊应经过初生、6月龄、1.5岁、2.5岁和成年鉴定，母羊1.5岁第一次鉴定，初步评定等级，2.5岁时第二次鉴定，决定终身等级。此后，一般羊群即不再鉴定，种公羊和育种核心群母羊应每年进行鉴定，长期观察种羊的品质变化，进而总结选育的效果。

4.1.2.3　年龄鉴定

应根据羊只前门齿的生长情况进行判断年龄大小。选育核心群应根据育种档案、耳标（耳标上标明出生年、月）确定年龄。

4.1.2.4　测定项目

种羊鉴定时，在体形外貌符合欧拉羊典型特征的情况下，突出繁殖力和体重、体高、体长、胸宽、胸深、胸围、尻宽等肉用性能指标，兼顾产毛量。

4.1.2.5　生产性能测定

按DB63/T 824《欧拉羊生产性能测定技术规范》执行。

4.1.2.6　鉴定等级

核心繁育群和选育群按本规范附录A执行，一般生产群按DB63/T 039《青海藏羊》标准执行。

4.1.2.7　后备种羊的选择

核心繁育群和选育群符合本规范附录A要求，一般生产群符合DB63/T 039《青海藏羊》标准要求。

5　选配

5.1　表型选配

按公、母羊的主要经济性状的表现进行选配。

5.2　群体选配

把优、缺点相同的母羊归类分等，然后指定一只或几只优秀的公羊与之配种。应用特、一级公羊与一、二、三级母羊选配。公羊等级必须高于母羊等级。

5.3　亲缘选配

选择健康状况良好，生产性能高且没有严重缺陷的血缘关系相近的公、母羊进行交配，所获得的后代，必须进行严格鉴定，选留体质结实、体格强壮的个体作为种用。

6 种公羊选留

6.1 初生公羔的选留

从核心群一级母羊所产公羔中，选择体质健壮、品种特征明显、初生重在4.0 kg以上的公羔进行登记、打号。

6.2 6月龄公羔的选留

对选留的公羔，在6月龄时按本规范附录A的标准逐只鉴定选留。

6.3 1.5岁后备公羊的选留

剪毛前对后备公羊按本规范附录A进行鉴定，选择特级、一级、二级公羊作为后备公羊，三级以下的淘汰。

7 种公羊培育

7.1 单独组群

后备公羊和种公羊采取集中或分户单独组群方式。

7.2 优质草场放牧

后备公羊和种公羊选择在优质草场进行放牧。

7.3 冬春补饲

后备公羊和种公羊在优质草场进行放牧的同时，在冬春季节出牧前、归牧后适量补饲。平均补饲精料0.25 kg～0.5 kg/只·日，青干草1.0 kg～2.0 kg，补饲60天～90天。

7.4 充足饮水

后备公羊和种公羊必须保证每天有充足的清洁饮水。

8 种羊的淘汰

8.1 公羊的淘汰

对老龄和鉴定不合格的公羊淘汰。

8.2 母羊的淘汰

对连续2年不产羔、老龄和鉴定不合格的母羊淘汰。

9 饲养管理

种羊的饲养管理按DB/T 823《欧拉羊饲养管理技术规范》执行。

10 繁育技术

欧拉羊繁育按DB/T 825《欧拉羊繁育技术规范》执行。

11 疫病防疫技术和检测

疫病防疫技术和检测按照DB63/T 435执行。

12 选育资料记录

12.1 选育资料记录应准确、可靠、完整。

12.2 种羊选育鉴定表见附录B。

附 录 A
（规范性附录）
欧拉羊核心群选育鉴定标准

A.1 外貌特征

体格大而壮实，头、颈、腹部及四肢着生褐黄色短刺毛，体侧被毛多数为白色、无毛辫结构，有干死毛。公羊胸前多着生粗硬的黄褐色"胸毛"，公母羊都有角，向左右平伸或呈螺旋状向外上方斜伸。四肢长而端正，背腰较宽平，胸部发育良好，后躯较丰满，十字部稍高，蹄质致密，尾小呈扁锥形。

A.2 理想型体尺、体重标准

表A.1 理想型欧拉羊体尺、体重

项目	初生		6月龄		1.5岁		2.5岁		成年	
	公	母	公	母	公	母	公	母	公	母
体高(cm)			65	62	70	66	74	69	75	70
体长(cm)			65	62	72	69	76	73	80	75
胸围(cm)			80	78	89	88	102	93	104	95
体重(kg)	4.4	4.2	34	32	50	42	66	52	75	60

A.3 分级标准

欧拉羊的等级可分为四级。

A.3.1 一级

具有欧拉羊的典型特征，体躯被毛基本为白色，体尺、体重达到欧拉羊理想型指标（见表A.1），可评定为一级羊。体重超过一级羊标准10%以上者，列为特级羊。

A.3.2 二级

符合欧拉羊特征，体躯主要部位被毛基本为白色，体格较大或中等。体重指标见表A.2。

表A.2 二级羊体重指标

性别	体重(kg)		
	成年	2.5岁	1.5岁
公	70	62	45
母	55	48	40

A.3.3 三级

基本符合欧拉羊的特征，体格中等或稍小。头、颈、四肢为杂色，肩部或体侧有杂色斑块。体重见表A.3。

表A.3 三级羊体重指标

性别	体重(kg)		
	成年	2.5岁	1.5岁
公	64	55	40
母	50	42	36

A.3.4 四级

凡不符合以上三级标准，或体躯主要部位有明显缺点，以及全身为杂色毛的个体，均列为四级，应淘汰。

附　录　B
（资料性附录）
欧拉羊选育鉴定表

表B.1　欧拉羊选育鉴定表

耳号	性别	月龄	体重（kg）	体高（cm）	体长（cm）	胸宽（cm）	胸深（cm）	尻宽（cm）	胸围（cm）	管围（cm）	等级	备注

鉴定人：　　　　　　　　　　　　　　　　　　记录人：　　　　年　　月　　日

ICS 65.020.30
CCS B 43
备案号:26348—2009

DB63

青 海 省 地 方 标 准

DB63/T 824—2009

欧拉羊生产性能测定技术规范

2009-08-31发布 2009-09-15实施

青海省质量技术监督局 发布

前 言

为了正确掌握和统一欧拉羊生产性能测定标准和方法，规范在生产性能测定中的各项技术要点、基本操作程序和方法，特制定了欧拉羊生产性能测定技术规范。

本规范附录为资料性附录。

本规范由青海省畜牧兽医科学院、黄南州质量技术测试学会提出并归口。

本规范由青海省质量技术监督局发布。

本规范由青海省畜牧兽医科学院、黄南州质量技术测试学会起草。

本规范主要起草人：毛学荣、余忠祥、雷良煜、阎明毅、马德正、李国亮。

欧拉羊生产性能测定技术规范

1 范围

本规范明确规定了欧拉羊的生长发育、繁殖性能、产毛性能、产肉性能等相关指标的测定方法。本规范适用于青海省境内的欧拉羊生产性能测定。

2 规范性引用文件

下列文件中的条款通过本标准的引用而成为本标准的条款。凡是注日期的引用文件，其随后所有的修改单（不包括勘误的内容）或修订版均不适用于本标准，然而，鼓励根据本标准达成协议的各方研究是否可使用这些文件的最新版本。凡是不注日期的引用文件，其最新版本适用于本标准。

NY/T 74 羊毛样品采集方法

NY/T 77 羊毛长度测定方法

3 术语和定义

3.1 欧拉羊

是藏系绵羊品种中的一个特殊生态类型，是由于自然生态环境长期影响和人们世代不断的选育而形成的。体格大而壮实，四肢长而端正，背腰较宽平，胸、臀部发育良好，后躯较丰满，十字部稍高，被毛稀，头、颈、腹部及四肢多着生杂色短刺毛，少数具有肉髯。蹄质较致密，尾小呈扁锥形。公母羊都有角，向左右平伸或呈螺旋状向外上方斜伸。公羊前胸多着生粗硬的黄褐色“胸毛”。主要分布于青藏高原东部边缘青、甘、川三省交接的黄河第一弯曲部，对青藏高原高寒牧区恶劣的自然生态条件及四季放牧、粗放的饲养管理条件有很强适应性的混型毛被的羊种。

3.2 体尺测量

用专用器具对羊只体躯不同部位进行的测定工作，是研究外貌、估测体重和生产性能的一种手段。主要包括体高、体长、胸围、管围。

3.3 生长发育

生长是指生物体整体及各个部分的重量和大小所发生的量上的增长。发育是指生物体形态结构的改变与机体内各种机能逐步达到完善的过程。

3.4 羊毛长度

毛丛在自然状态下两端间的直线距离。

3.5 眼肌面积

测定倒数第1与第2肋骨之间脊椎上眼肌（背最长肌）的横切面积。

3.6 GR值

测定第十二与第十三肋骨之间，距背脊中线11 cm处的组织厚度，作为代表胴体脂肪含量的标志。GR值（mm）大小与胴体膘分的关系：0 mm～5 mm，胴体膘分为1（很瘦）；6 mm～10 mm，胴体膘分为2（瘦）；11 mm～15 mm，胴体膘分为3（中等）；16 mm～20 mm，胴体膘分为4（肥）；21 mm以上，胴体膘分为5（极肥）。

4 生长发育测定

4.1 测定项目

包括体重、体高、体长、胸围、胸宽、胸深和尻宽。

4.2 测定年龄

初生、6月龄、1.5岁、2.5岁、成年。

4.3 测定方法

4.3.1 体重

用电子秤等衡器称测羊空腹重量。

4.3.2 体高

用测杖测量羊鬐甲顶点至地面的垂直高度。

4.3.3 体长

用测杖测量羊肩端前缘至坐骨结节后缘的直线距离。

4.3.4 胸围

用软尺测量羊肩胛骨后缘绕胸一周的长度。

4.3.5 胸深

用测杖测量羊鬐甲到胸骨的直线距离（沿肩胛后角量取）。

4.3.6 胸宽

用测杖测量羊肩胛后缘左右两垂直切线间的最大直线距离。

4.3.7 尻宽

用测杖测量羊后躯十字部下方尻部的左右直线距离。

4.4 测定样本

样本数为30只以上。

5 繁殖性能

5.1 母羊繁殖性能

5.1.1 繁殖特性

母羊10月～12月龄初情，1.5岁～2岁初配投产，一年一胎，一胎一羔，有少数母羊产双羔，终身产羔4胎～6胎，5月～7月为发情旺季，发情周期为16～21天，发情持续1天～2天，妊娠期为145天～155天。

5.1.2 测定项目

产羔率、繁殖率、羔羊成活率、繁殖成活率。

5.1.3 测定方法

5.1.3.1 产羔率

母羊产羔总数占产羔母羊总数的百分率，公式如式（1）。

$$\text{产羔率} = \frac{\text{母羊产羔总数}}{\text{产羔母羊总数}} \times 100\% \tag{1}$$

5.1.3.2 繁殖率

指年度内母羊产羔总数占年初适龄繁殖母羊总数的百分率，公式如式（2）。

$$\text{繁殖率} = \frac{\text{母羊产羔总数}}{\text{适龄繁殖母羊总数}} \times 100\% \tag{2}$$

5.1.3.3 羔羊成活率

指本年度内断奶的羔羊数占本年度内产羔总数的百分率，公式如式（3）。

$$\text{羔羊成活率} = \frac{\text{本年度内断奶羔羊数}}{\text{本年度内产羔总数}} \times 100\% \tag{3}$$

5.1.3.4 繁殖成活率

本年度内断奶的羔羊数占年初适龄繁殖母羊总数的百分率，公式如式（4）。

$$繁殖成活率=\frac{本年度内断奶羔羊数}{适龄繁殖母羊总数}\times100\% \quad (4)$$

5.2 公羊繁殖性能

5.2.1 繁殖特性

公羊1.5岁可参加配种，2.5岁配种能力最强，6.5岁以后配种能力下降，利用期限4年～5年。

5.2.2 测定项目

射精量、精子活力、精子密度、种用体况、性欲。

5.2.3 测定方法

5.2.3.1 射精量

指采精时公畜一次射出的精液毫升数。单层集精杯本身带有刻度，采精后直接观测即可。双层集精杯，则要吸入有刻度的玻璃管中观测。

5.2.3.2 精子活力

对采精后或稀释后的精液分别进行活力检查。用已消毒的干净玻璃棒取出原精液一滴，或用生理盐水稀释过的精液一滴，滴在载玻片上，盖上盖玻片，然后在400倍～600倍的显微镜下观察。观察时室温不得低于18 ℃。

评定精子活力可用五分评定法。在400倍～600倍的显微镜下，全部精子作直线前进活动的为五分，80%精子作直线前进活动的为四分，依次类推，每减少20%减一分，如果精液内只看到摇摆运动而无直线前进的精子，说明无活力，如果精子全不活动，则以“死”表示。

5.2.3.3 精子密度

以密、中、稀、无表示。密——在视野内看见布满密集的精子而无空隙。中——精子之间可以看见空隙，但空隙不大。稀——精子之间有很大空隙。无——精液内看不见精子。

5.2.3.4 种用体况

种公羊要求长年体质健壮、精力充沛、中上等膘情。

5.2.3.5 性欲

种公羊要求性欲旺盛，对发情母羊具有强烈的交配欲望。与发情母羊接触后，迅速出现性激动反射，主动接近母羊，嗅舔母羊外阴部，频繁出现“吧嗒嘴”反应，并能完成爬跨交配，用假阴道和台畜可以成功采精。

6 产毛性能测定

6.1 毛样采集

采集部位和方法按照NY/T 74的规定执行。

6.2 测定项目

羊毛长度、产毛量和粗毛、干死毛、绒毛的重量比。

6.3 测定方法

羊毛长度按NY/T 77的规定执行；产毛量用衡器称剪下的羊毛重量；粗毛、干死毛、绒毛的重量比在室温20 ℃、相对湿度60%实验室条件下分类后，用衡器称测重量并计算。

6.4 测定样本

样本数为30只以上。

7 产肉性能测定

7.1 测定项目

包括宰前活重、胴体重、净肉重、眼肌面积、GR值；计算屠宰率、净肉率、肉骨比。

7.2 测定方法

7.2.1 宰前活重

称测空腹24 h临宰时的实际体重。

7.2.2 胴体重

屠宰放血后，剥去毛皮，去头、去内脏及前肢膝关节和后肢趾关节以下部分后，整个躯体（包括肾脏及其周围脂肪）静置30 min后所称的重量。

7.2.3 净肉重

将温胴体精细剔除骨头后余下净肉的重量。要求在剔肉后的骨头上附着的肉量及损耗的肉屑量不能超过300 g。

7.2.4 眼肌面积

一是用硫酸纸贴在横断眼肌面上，用软质铅笔沿眼肌断面边缘描下轮廓，以求积仪或坐标方格纸计算面积，或用下面公式估测，公式如式（5）。

$$\text{眼肌面积（cm}^2\text{）}=\text{眼肌高}\times\text{眼肌宽度}\times 0.7 \tag{5}$$

7.2.5 GR值

用游标卡尺或透明直尺测定第十二与第十三肋骨之间，距背脊中线11 cm处的组织厚度（mm）。

7.3 测定样本

样本数为30只以上。

7.4 计算

7.4.1 屠宰率

胴体重量占宰前活重的百分率，公式如式（6）。

$$屠宰率=\frac{胴体重}{宰前活重}\times100\% \tag{6}$$

7.4.2 胴体净肉率

净肉重占胴体重的百分率，公式如式（7）。

$$胴体净肉率=\frac{净肉重}{胴体重}\times100\% \tag{7}$$

7.4.3 肉骨比

指胴体骨重与胴体净肉重之比。

8 板皮测定

8.1 测定项目

主要包括板皮面积、鲜皮重、板皮厚度、板皮抗张强度。

8.2 测定方法

8.2.1 板皮面积

板皮颈部中点至尾根间的直线距离×板皮两边中点间的直线距离，公式如式（8）。

$$板皮面积=长\times宽 \tag{8}$$

式中：

长——板皮颈部中点至尾根间的直线距离，用cm表示。

宽——板皮两边中点间的直线距离，用cm表示。

8.2.2 鲜皮重

屠宰羊只剥取的新鲜板皮重量，以kg表示。

8.2.3 板皮厚度

新鲜板皮剪去肩、体侧、背、臀部被毛后，折叠成双层，用游标卡尺或皮张厚度测表量取其双层厚度，以mm表示。

8.2.4 板皮抗张强度

指单位板皮面积上承载的抗张力程度，单位用kg/mm^2表示。采用拉力测试机测量。

9 生产性能测定表

生产性能测定表见附录A。

附 录 A
（资料性附录）
生产性能测定表

A.1 欧拉羊体重、体尺测定表

表 A.1 欧拉羊体重、体尺测定表

耳号	性别	月龄	体重（kg）	体高（cm）	体长（cm）	胸宽（cm）	胸深（cm）	尻宽（cm）	胸围（cm）	管围（cm）	等级	备注

测定人：　　　　　　　　　　　　　　　　记录人：　　　　年　　月　　日

A.2 欧拉羊屠宰试验测定表

表 A.2 欧拉羊屠宰试验测定表

实验羊		1	2	3	4	5
耳号						
性别						
年龄						
宰前活重(kg)						
胴体重(kg)						
净肉重(kg)						
净骨重(kg)						
骨肉比						
GR值(mm)						
眼肌面积(cm^2)						
净肉率(%)						
屠宰率(%)						
胴体分割	肩背部(kg)					
	臀部(kg)					
	颈部(kg)					
	胸部(kg)					
	腹部(kg)					
	颈部切口(kg)					
	前小腿(kg)					
	后小腿(kg)					

测定时间：

ICS 65.020.30
CCS B 43
备案号:26349—2009

DB63

青海省地方标准

DB63/T 825—2009

欧拉羊繁育技术规范

2009-08-31发布　　2009-09-15实施

青海省质量技术监督局　发布

前 言

为了保持和进一步提高欧拉羊优良特性，增加优良个体数量，达到保持品种纯度和提高品种整体生产性能的目的，制定青海省欧拉羊繁育技术规范。

本规范附录为资料性附录。

本规范由青海省畜牧兽医科学院提出并归口。

本规范由青海省质量技术监督局发布。

本规范由青海省畜牧兽医科学院起草。

本规范主要起草人：毛学荣、雷良煜、余忠祥、阎明毅。

欧拉羊繁育技术规范

1 范围

本标准规定了欧拉羊繁育技术的术语和定义、选种选配、繁育方法。

本规范适用于青海省境内的欧拉羊繁育。

2 规范性引用文件

下列文件中的条款通过本标准的引用而成为本标准的条款。凡是注日期的引用文件，其随后所有的修改单（不包括勘误的内容）或修订版均不适用于本标准，然而，鼓励根据本标准达成协议的各方研究是否可使用这些文件的最新版本。凡是不注日期的引用文件，其最新版本适用于本标准。

DB63/T 039 青海藏羊

DB63/T 547.2 青海藏羊繁育技术规范

3 术语和定义

3.1 欧拉羊

是藏系绵羊品种中的一个特殊生态类型，是由于自然生态环境长期影响和人们世代不断的选育而形成的。体格大而壮实，四肢长而端正，背腰较宽平，胸、臀部发育良好，后躯较丰满，十字部稍高，被毛稀，头、颈、腹部及四肢多着生杂色短刺毛，少数具有肉髯。蹄质较致密，尾小呈扁锥形。公母羊都有角，向左右平伸或呈螺旋状向外上方斜伸。公羊前胸多着生粗硬的黄褐色“胸毛”。主要分布于青藏高原东部边缘青、甘、川三省交接的黄河第一弯曲部，对青藏高原高寒牧区恶劣的自然生态条件及四季放牧、粗放的饲养管理条件有很强适应性的混型毛被的羊种。

3.2 同质选配

选择优点相同的公、母羊交配，目的在于巩固并发展这些优点。

3.3 异质选配

选择在主要性状上互不相同的公、母羊交配，目的在于以一方的优点纠正或补充另一方的缺点或不足，或者结合双方的优点创造一个新类型。

3.4 亲缘选配

具有一定血缘关系（近交系数大于0.78%）的公、母之间的选配。

3.5 品系

在同一品种内具有某些共同的突出特点，并能将这些特点相对稳定地遗传下去，且个体间有一定程度的亲缘关系的一定数量的群体。

3.6 发情持续期

出现发情征兆起到发情结束的间隔时间。

3.7 发情周期

上一次发情结束到下一次发情开始的间隔时间。

3.8 妊娠期

开始妊娠到分娩的时期为妊娠期。

3.9 自然交配

将公羊放入母羊群中让其自行与发情母羊交配。

3.10 人工辅助交配

在人工控制下，按照选配原则有计划地安排指定的种公羊与繁殖母羊配种的方法。

3.11 产羔率

母羊产羔总数占产羔母羊总数的百分率。

3.12 繁殖率

年度内母羊产羔总数占年初适龄繁殖母羊总数的百分率。

3.13 羔羊成活率

本年度内断奶的羔羊总数占出生羔羊总数的百分率。

3.14 繁殖成活率

本年度内断奶的羔羊总数占年初适龄繁殖母羊总数的百分率。

4 繁育技术

4.1 选种

4.1.1 按DB63/T 822《欧拉羊选育技术规范》执行。

4.1.2 种羊选留率

选留后备公羊占公羊总数的20%～30%，选留后备母羊占母羊总数的20%～30%。

4.2 选配

4.2.1 初配年龄和体重

公羊达到18月龄、体重45 kg或达到成年公羊体重的65%以上；母羊达到24月龄、体重40 kg或达到成年母羊体重的65%。

4.2.2 选配原则

4.2.2.1 公羊品质高于母羊。

4.2.2.2 优良的公、母羊除了有目的地杂交外，进行同质选配。

4.2.2.3 在某方面有缺点的母羊选配公羊时，必须选择在这方面具有特别优点的公羊与之交配。

4.2.2.4 采用亲缘选配时应当特别谨慎，不得滥用。

4.2.2.5 避免使用过幼、过老的种羊。

4.2.2.6 禁止有遗传缺陷的公羊、母羊相互交配。

4.2.3 选配方法

按DB63/T 822《欧拉羊选育技术规范》执行。

4.3 配种

4.3.1 配种方法

采用自然交配和人工辅助交配。公、母羊比例为1∶25～1∶30。

4.3.1.1 自然交配

按公、母羊1∶25～1∶30的比例混群放牧，自由选择交配。

4.3.1.2 人工辅助交配

采取公羊、母羊分群饲养，按选配制度实行一只公羊与多只母羊定配。公羊配种每天早晚两次，每次1小时～2小时。

4.3.2　适时配种时间

每年5月～7月欧拉羊发情，当母羊不拒绝公羊爬胯时开始配种，到全部母羊不再发情时结束。

4.3.3　发情持续期

欧拉羊母羊发情持续期为24小时～48小时。

4.3.4　发情周期

欧拉羊母羊发情周期为16天～21天。

4.4　产羔

4.4.1　妊娠期

欧拉羊的妊娠期为145天～155天。

4.4.2　产房要求

产羔舍要求宽敞、光亮、清洁、干燥、通风良好。产羔舍的温度以4 ℃～8 ℃最适宜。

4.4.3　保胎护产

对已怀孕的母羊要防止隐性流产和早产。特别是怀孕后期和产羔季节，避免羊群拥挤，禁止剧烈运动。

4.4.4　脐带消毒

羔羊脐带自然断裂或离脐带基部约10 cm左右用剪刀剪断，在断端涂5%碘酊消毒。

4.5　初生羔羊的护理

4.5.1　对初生羔羊要防止冻、饿、挤压和疾病的发生。

4.5.2　哺喂初乳

羔羊出生后1小时内及时吃上初乳，要特别留意初产母羊所产的羔羊。

4.5.3　人工补奶

发现缺奶羔羊，及时用牛奶等代乳品进行人工补喂，要定时、定温、定量，注意奶瓶的清洁卫生。

4.5.4　防止羔羊腹泻

羔羊出生后1天～3天，选择灌服“消食片”“乳酶生”“复合维生素”“黄连素”等防腹泻药物。

4.6 哺乳羔羊的饲养管理

羔羊10日龄左右开始训练吃草料，少给勤添补喂精料50g/只·日～100g/只·日。1月龄以后适当增加补饲量。3月～4月龄以后，以放牧及补饲为主。

4.7 羔羊断奶

在羔羊4月～6月龄期间，将母、仔分开进行一次性断奶。

4.8 繁殖年限

公羊2岁～6岁，母羊2岁～7岁。

5 繁育方法

5.1 品系繁育

5.1.1 组建品系基础群

5.1.1.1 按血缘关系组群

5.1.1.2 按表型特征组群

5.1.2 闭锁繁育

品系基础群建立以后，不能再从群外引入公羊，只能在群内进行繁育。

5.2 本品种选育

在本品种内部通过选种选配、品系繁育、改善饲养管理条件等措施，提高品种性能。

5.2.1 本品种选育原则

保持本品种的优点，克服本品种的缺点，提高本品种的生产性能。

5.2.2 本品种选育措施

5.2.2.1 健全品种等级结构

品种等级结构由核心群、种畜繁殖群和商品群组成。核心群向种畜繁殖群提供种畜，种畜繁殖群向商品群提供种畜，特别是种公畜。

5.2.2.2 加强选种选配

对本品种的某一方面的不足或缺点，加大选择强度，加快改良速度。对于核心群，可以采用不同程度的近交，以优配优，选育出高产个体，特别要选育出优秀种公羊。

5.2.2.3 加强饲养管理

按DB63/T 823《欧拉羊饲养管理技术规范》执行。

5.2.2.3.1 组群

公羊、母羊和羯羊、幼年公羊分开组群。

5.2.2.3.2 等级羊群

将符合DB××/T ××××—××××欧拉羊选育等级鉴定标准的1级～3级羊，按级组成等级群或混级组群。

5.2.2.4 种公羊的选留和培育

按照DB63/T 822《欧拉羊选育技术规范》执行。

6 繁殖性能

6.1 繁殖性能测定方法

按照DB63/T 824《欧拉羊生产性能测定技术规范》执行。

6.2 繁殖指标

6.2.1 产羔率100%～105%。

6.2.2 繁殖率90%～100%。

6.2.3 羔羊成活率90%～95%。

6.2.4 繁殖成活率80%～90%。

7 繁殖生产记录见附录A

附 录 A
（资料性附录）
欧拉羊繁育生产记录

A.1 配种及产羔记录

表 A.1 配种及产羔记录

羔羊				母系			父系			备注
产羔日期	羔羊耳号	性别	初生重（kg）	羊号	胎次	等级	羊号	年龄	等级	

A.2 欧拉羊生长发育鉴定记录表

表A.2 欧拉羊生长发育鉴定记录表

耳号	性别	月龄	体重（kg）	体高（cm）	体长（cm）	胸宽（cm）	胸深（cm）	尻宽（cm）	胸围（cm）	等级	备注

测定人： 记录人： 年 月 日

A.3 欧拉羊种羊卡片

NO：

种羊个体号：　　　　　　　　性别：

出生日期：　　　　　　　　　出生地：

品种名称：

A.3.1 系谱

系祖		羊号	出生		1.5岁				外貌特征	成年体重	综合评定等级	
			日期	体重	体重	体高	体长	胸围				
父												
	祖父											
	祖母											
母												
	外祖父											
	外祖母											

A.3.2 个体生长发育

项目	体 重				体尺									评定等级
	初生	6月龄	1.5岁	成年	体高			体长			胸围			
					6月龄	1.5岁	成年	6月龄	1.5岁	成年	6月龄	1.5岁	成年	
数值														
等级														

A.3.3 繁殖性能

项目	初配月龄	产羔数						出生窝重						断奶成活率	评定等级
		一胎	二胎	三胎	四胎	五胎	平均产羔率	一胎	二胎	三胎	四胎	五胎	平均		
数值															
注：公羊的繁殖以与配选育群经产母羊的繁殖成绩记入平均栏。															

A.3.4 个体品质等级

评定日期	年龄	外貌等级	繁殖性能等级	生长发育等级	个体综合等级

ICS 65.020.99
CCS B 49
备案号:38486—2013

DB63

青　海　省　地　方　标　准

DB63/T 1218—2013

藏羊种公羊选育技术规程

2013-09-06发布　　2013-10-15实施

青海省质量技术监督局　发布

前 言

本规范的编制符合GB/T 1.1—2009的编写要求。

本规范由青海省农牧厅提出并归口。

本规范由青海省畜牧总站负责起草。

本规范主要起草人：宁金友、张惠萍、杨生龙、周佰成、张铭、董海岚、宁静、郭起琇、马勇。

藏羊种公羊选育技术规程

1 范围

本规范规定了藏羊种公羊选育单位的要求、藏羊种公羊选择、培育的内容、方法、时间、标准和饲养管理使用技术要求程序。

本规范适用于青海牧区放牧条件下的藏羊种公羊生产、管理和使用。

2 规范性引用文件

下列文件对于本文件的应用是必不可少的。凡是注日期的引用文件，仅所注日期的版本适用于本文件。凡是不注日期的引用文件，其最新版本（包括所有的修改单）适用于本文件。

GB 5749生活饮用水卫生标准

DB63/T 039　青海藏羊

DB63/T 432　欧拉羊

DB63/T 435　牛、羊规模饲养防疫技术

DB63/T 545.1　种羊鉴定程序

DB63/T 547.1　青海藏羊饲养管理技术规范

DB63/T 547.2　青海藏羊繁育技术规范

DB63/T 547.3　青海藏羊生产性能测定技术规范

3 术语和定义

下列术语和定义适用于本标准。

3.1 个体鉴定

将被鉴定的种羊个体根据品种标准和育种进度，按要求指标逐项进行详细评定，然后对该个体做出鉴定等级评定。

3.2 初生鉴定

根据出生（生后1～3天）体重、体型、毛质和毛色等项目进行鉴定，以早期发现优秀个体和考察种羊后代。

3.3 断奶鉴定

根据断奶体重、体型、羊毛长度、密度、细度、体尺测量结果等做出个体等级评定。

3.4 周岁（成年）鉴定

根据周岁（成年）体重、体型、羊毛长度、密度、细度、产毛量、体尺测量结果等做出个体等级评定。

3.5 系谱选择

根据种羊祖先的品质和生产性能的记录结果来初步选择个体的选择方法。

4 选育单位条件

4.1 取得《种畜禽经营许可证》的种羊场或藏羊选育基地。

4.2 具备种羊培育、生产、管理的基础设施和设备等。

4.3 近两年内没有发生布鲁氏菌病、结核病等传染病。

4.4 具有完整的育种资料和父本母本系谱档案资料清楚齐全。

4.5 出场种公羊可提供种羊卡片和相关育种资料。

5 组建选育核心群

5.1 种公羊群要求统一集中饲养管理，种公羊数量按公母比例1∶25组群。公羊一级以上比例达到80%以上。

5.2 核心能繁母羊每群250只～350只，每个种羊场核心群达10群2500只～3500只。核心群母羊一级比例达到70%以上。

5.3 选配

5.3.1 选配的主要原则是雄性等级高于雌性。

5.3.2 选配根据实际选择和需要采用人工控制交配、人工授精等方法。

6 种公羊的选择

6.1 系谱选择

根据种羊祖先的品质和生产性能的记录结果来初步选择个体。要求父本一级以上，母本二级以上。

6.2 种羊个体选择

6.2.1 出生鉴定：羔羊出生3天内进行，要求被毛白色、体质结实、生殖器官发育正常。体重在3.80 kg以上，佩戴种畜耳标，制作种畜卡片。

6.2.2 断奶鉴定：羔羊断奶（4月龄）分群时进行。要求品种特征明显、生殖器官发育良好，体重在20.00 kg以上，合格者完善种畜卡片。

6.2.3 周岁鉴定：种公羊周岁后每年鉴定一次，程序按照DB63/T 545.1的要求进行，鉴定标准按照DB63/T 039、DB63/T 432的要求进行。

7 种公羊的培育

7.1 种羔羊的培育

7.1.1 保证羔羊在产后3～15小时内吃到初乳。合理安排吃乳时间，保证吃到充足的母乳。

7.1.2 羔羊生后7～10日龄，将羔羊颗粒饲料撒在食槽内对羔羊进行诱食。每只羔羊每天补饲羔羊料20 g～50 g，待羔羊习惯后逐渐增加补饲量。3周至4周龄为50 g～80 g；2周龄为100 g～120 g；3～4周龄为350 g～450 g。补饲方法应少喂勤添，定时、定量、定点，保证食槽和饮水清洁卫生。

7.1.3 出生鉴定合格的公羔羊，佩戴耳标。保持舍内干燥、清洁、温暖，勤换垫草。

7.1.4 育成羊的培育

7.1.4.1 育成前期（4月～8月龄）羊的饲养应以精饲料为主，适当补饲优质青、粗饲料或选用优良放牧地完成。

7.1.4.2 育成后期（8月～18月龄）羊的饲养以放牧为主，根据育成羊的发育和体况实际，进行每只每天补饲100 g～400 g育成饲料或优质青干草。育成期每天饮水2次。

7.1.4.3 育成羊在配种前应安排在优质草场放牧，保持良好的种用体况。在放牧的条件下，每羊每日补饲种公羊配合饲料200 g～300 g。

7.2 种公羊的饲养管理和使用

7.2.1 种公羊的饲养应常年保持中上等膘情，健壮、活泼、精力充沛、性欲旺盛，能够产生优良品质的精液。按DB63/T 547.1要求执行。

7.2.2 种公羊的管理要专人负责，保持常年相对稳定，单独组群或放牧。经常观察羊的采食、饮水、运动及粪尿的排泄等情况，保持饲料、饮水、环境的清洁卫生，注意采精训练和合理使用。

7.2.3 使用

7.2.3.1 本交按公母比例1∶20～30投放种公羊。

7.2.3.2 人工授精按 0.5%～1%配备种公羊。

7.2.3.3 采精训练 开始时每周采精检查一次，以后增至每周两次，并根据种公羊的体况和精液品质来调整日粮或增加运动。对精液稀薄的种公羊，应增加日粮中蛋白质饲料的比例，当精子活力差时，应加强种公羊的放牧和运动。

7.2.3.4　种公羊的合理使用要根据羊的年龄、体况和种用价值来决定。对1.5岁左右的种公羊每天采精1次～2次为宜，不要连续采精；成年公羊每天可采精2次～3次，每次采精应有1～2 h左右的休息时间。

8　疫病防治

疫病防治技术按照DB63/T 435的规定执行。

9　种羊档案和各项生产记录

做好种羊档案和各项生产记录，所有资料要按时整理、分析，并分类归档，装订成册，各项档案、记录保存5年以上。

附 录 A
（资料性附录）
种公羊卡片

种公羊卡片（藏羊）

场名________________________________

种羊耳号______________________________

免疫耳号______________________________

品种________________________________

出生地_______________________________

出生日期______________________________

个体照片(正侧面)

1.系谱

<table>
<tr><td></td><td>个体号</td><td>年龄</td><td>毛辫长度
(cm)</td><td>毛丛长度
(cm)</td><td colspan="2">产毛量
(kg)</td><td>体重
(kg)</td><td colspan="2">等级</td></tr>
<tr><td>父</td><td></td><td></td><td></td><td></td><td colspan="2"></td><td></td><td colspan="2"></td></tr>
<tr><td>母</td><td></td><td></td><td></td><td></td><td colspan="2"></td><td></td><td colspan="2"></td></tr>
<tr><td rowspan="2">父系</td><td>父(号)</td><td></td><td>等级</td><td></td><td rowspan="2">母系</td><td>父(号)</td><td></td><td>等级</td><td></td></tr>
<tr><td>母(号)</td><td></td><td>等级</td><td></td><td>母(号)</td><td></td><td>等级</td><td></td></tr>
</table>

2.生产性能及等级

年度	年龄	体高(cm)	体斜长(cm)	胸围(cm)	管围(cm)	毛辫长度(cm)	毛丛长度(cm)	产毛量(kg)	体重(kg)	等级

3.历年配种情况及后裔品质

年度	与配母羊数	后裔品质(比例)				
		特级	一级	二级	三级	等外

4.鉴定结果

经鉴定为________级，符合种用标准。鉴定单位________________。

ICS 65.020.30
CCS B 43
备案号:48513—2016

DB63

青　海　省　地　方　标　准

DB63/T 1436—2015

藏羊细管冷冻精液生产技术规程

2015-12-21发布　　2016-03-20实施

青海省质量技术监督局　发布

前言

本规程的编写符合GB/T 1.1—2009的规则。

本规程由青海省农牧厅提出并归口。

本规程起草单位：青海省家畜改良中心。

本规程主要起草人：马元梅、张晋青、胡宁玺、常永梅、莫延新、赵静、袁海洲、张子安、谢秀梅、李强、张金梅、杨玉芹、扈添琴、王芳、李景、池胜刚、谭建宁。

藏羊细管冷冻精液生产技术规程

1 范围

本规程规定了欧拉型、高原型、山谷型藏羊细管冻精生产的基本要求、稀释液配制、采精、精液处理、精液冷冻、冻精活力检验规则和方法、冻精质量评价、冻精包装、标记和贮存等。

本规程适用于藏羊的细管冷冻精液的生产。

2 规范性引用文件

下列文件对于本文件的应用是必不可少的。凡是注日期的引用文件，仅所注日期的版本适用于本文件。凡是不注日期的引用文件，其最新版本（包括所有的修改单）适用于本文件。

GB/T 4143 牛冷冻精液

GB/T 5458 液氮生物容器

NY/T 1234 牛冷冻精液生产技术规程

3 术语与定义

以下术语和定义适用于本规程。

3.1 采精

用人工模拟的器械获得公羊精液的方法。

3.2 采精量

公羊一次采精时排出的精液量。

3.3 鲜精

未经处理的新鲜精液。

3.4 精子密度

每单位体积精液中的精子数目。单位为亿每毫升。

3.5 细管冷冻精液

细管注入精液经液氮冷冻所形成的产品。简称“细管精液”或“冻精”。

4 采精前的准备

4.1 冻精制作室的要求

室内清洁卫生，做到无菌操作。

4.2 仪器设备

4.2.1 生产设备

用于藏羊细管冷冻精液生产的仪器设备见表1。

表1 藏羊细管冷冻精液生产设备

序号	设备名称	参数
1	精液细管喷码机	—
2	ACCUCELL 精液密度仪	0.21 毫升～0.23 毫升
3	细管封装机	5 250 支×0.25 毫升
4	精液程控冷冻仪	45 ℃～-140 ℃
5	电子天平	0.0001 克

4.2.2 检验设备

用于藏羊细管冷冻精液质量检验的设备见表2。

表2 藏羊细管冷冻精液质量检验设备

序号	设备名称	参数
1	相差显微镜	100 倍～400 倍
2	恒温恒湿培养箱	±0.5 ℃
3	净化工作台	菌落数≤0.5 个每皿每小时
4	数显恒温水浴锅	±0.5 ℃
5	电热高压灭菌锅	0 Mpa～0.25 Mpa

4.3 器械清洗和消毒

器械的清洗与消毒按照NY/T 1234进行。

4.4 稀释液的配制

稀释液的配制按照附录A进行。

5 采精

5.1 采精环境要求

采精场所应保持安静，地面平整，清洁卫生，采精前做彻底消毒。

5.2 藏羊种公羊选用

用于冻精生产的种公羊应符合本品种标准，体质健壮，无遗传缺陷及国家规定的传染病。

5.3 采精频率

12月龄初次调教采精。成年种公羊每周可采精3天，每天连续采精两次。

5.4 采精方法

5.4.1 台羊选择

选择发情好的健康母羊作台羊，头部固定在采精架上。

5.4.2 假阴道的准备

将消毒过的假阴道内胎，用生理盐水棉球从里到外擦拭，在假阴道一端扣上集精瓶，集精瓶夹层内要注入30 ℃～35 ℃的水。在假阴道外壳中部注水孔注入145毫升～150毫升的50 ℃～55 ℃水，拧上气嘴活塞，套上双连球打气，使假阴道的采精口形成丫字形。最后把温度计插入假阴道内测温，温度在38 ℃～40 ℃为宜。在假阴道内胎的前1/3，涂抹适量凡士林作润滑剂。

5.4.3 采精操作

采精前，将公羊包皮周围及母台羊后躯擦干净。采精员蹲在台羊右侧后方，右手握假阴道，气卡塞向下，靠在台羊臀部，假阴道和地面呈35°角。当公羊爬跨伸出阴茎时，左手轻托阴茎包皮，迅速地将阴茎导入假阴道内，当种公羊完成抬头、挺腰、前冲动作时，表示射精完毕。随着公羊从台羊身上滑下时，将假阴道取下，立即使集精瓶的一端向下竖立，打开气卡塞，放气取下集精瓶，送操作室检查。

6 冻精制作

6.1 准备

生产冻精所用精液应符合本规程7.1的要求。玻璃器皿均应放在32 ℃恒温箱中，稀释液放在34 ℃恒温水浴箱中备用。盛装稀释精液的稀释管，应做明显标记。

6.2 精液的稀释与平衡

6.2.1 精液稀释量确定和活力评定

根据鲜精液的密度、活力、采精量等确定应加的稀释液量，确保每剂冻精所含直线前进运动精子数的要求。精液稀释后和平衡后应评定活力。

6.2.2 稀释方法与平衡

按附录A配制稀释液，采用两步稀释法稀释精液。用34 ℃的第Ⅰ液缓慢地加入精液中，摇匀，所加第Ⅰ液的量为所加稀释液总量与精液量总和的一半减去精液量，用烧杯盛适量的34 ℃水，把稀释管放置于送4 ℃～5 ℃低温柜内降温，与此同时把第Ⅱ液也放入。稀释后的精液，采用逐渐降温法。在1小时，使稀释精液的温度降到4 ℃～5 ℃后，然后再在同温的恒温容器内平衡1小时～2小时。冷冻前半小时加入第Ⅱ液，所加第Ⅱ液的量为所加稀释液总量减去所加第Ⅰ液的量。加入第Ⅱ液后平衡半小时，然后在低温柜中进行细管分装，分装后的细管即可进行冷冻。

6.3 细管的封装与冷冻

6.3.1 细管要求

细管为无毒、耐低温的专用塑料管。0.25毫升剂型。保证清洁、无菌。

6.3.2 封装

采用细管（灌装、封口、印字）一体机，在4 ℃低温柜中进行分装操作。

6.3.3 细管标识

细管标识清楚，内容为冻精产地、品种及羊号、冻精生产日期。

6.3.4 细管精液的冷冻

封装好的细管即可通过程控冷冻仪或自制冷冻槽冷冻。

6.3.4.1 程控冷冻仪冷冻

采用程控冷冻仪按预选的最佳冷冻曲线自动完成冷冻过程。冷冻曲线最佳降温速率为：4 ℃～-10 ℃（降温速率5 ℃/min），-10 ℃～-100 ℃（降温速率55 ℃/min），-100 ℃～-140 ℃（降温速率20 ℃/ min）。冷冻时间7分钟。

6.3.4.2 自制冷冻槽冷冻

用自制冷冻槽冷冻细管时，冷冻温度控制-100 ℃～-140 ℃。冷冻时间8分钟。

6.4 冻精收集

每冻完一批（只）精液，应立即放入液氮中浸泡，然后计数，取样检查和包装。

6.5 冻精解冻与活力检查

冷冻后的精液可在任一时间进行解冻。解冻时，预先把水浴锅水温加热至38 ℃～40 ℃，用镊子取一支冷冻后的细管精液迅速浸泡入水中并晃动，待溶解后立即取出，用吸水纸或纱布擦干水珠，再用细管剪剪去超声波封口端，滴5微升～10微升精液于载玻片上进行活力检查。检查方法同7.2。检查合格的冻精作为初检合格品妥善贮存。

7 精液要求及试验方法

7.1 鲜精质量要求及试验方法

用于藏羊细管冷冻精液生产的鲜精质量应符合表3的要求。有一项不符合的精液，不得用于冻精生产。

表3 鲜精质量指标

序号	项目	质量指标	试验方法
1	外观	为乳白色或微黄，略有腥味	自然光下目测
2	精子活力(%)≥	65	取精液5微升～10微升于载玻片上，加盖盖玻片后在38 ℃恒温装置的400倍显微镜上评定活力
3	精子密度(亿/毫升)≥	15	用密度仪测定

7.2 冻精质量要求及试验方法

7.2.1 检验规则

每只公羊每季度冻精形式检验不少于一次。

出站检验的项目：外观、精子活力。检验合格，可作为合格品交付使用。

7.2.2 冻精质量评价

藏羊细管冷冻精液质量应符合表4的要求。

表4 冻精质量指标

序号	项目	质量指标	试验方法
1	细管外观	细管无裂痕、两端封口严实	目测
2	剂量(毫升)≥	0.18	按照GB/T 4143中B.2测定
3	精子活力(%)≥	35	按照GB/T 4143中B.3测定
4	前进运动精子数(万个)≥	2 000	按照GB/T 4143中B.4测定
5	精子畸形率(%)≤	20	按照GB/T 4143中B.5测定
6	精子顶体完整率(%)≥	45	按照GB/T 4143中B.5测定
7	细菌数(个)≤	800	按照GB/T 4143中B.6测定

7.2.3 冻精质量判定要求

每剂冻精解冻后应同时具备上列质量指标要求，不具备任何一项者，为冻精质量不合格。

8 包装、标记和贮存

8.1 包装

用无菌纱布袋包装，一指型管25剂细管，每袋包装量不超过200剂。包装操作应在液氮中进行。

8.2 标记

包装袋外面，均应有明显的标记。注明种公羊品种、公羊号、生产日期或批号、数量、精子活力。

8.3 贮存

用液氮生物容器贮存藏羊冻精，液氮生物容器应符合GB/T 5458要求。设专人保管，每周定时加一次液氮，保证冻精始终浸在液氮中。应经常检查液氮生物容器的状况，如发现容器异常，立即将冻精转移到其他完好的容器内。取存冻精时，冻精离开液氮的时间不得超过5秒。取放冻精之后，应及时盖好容器塞，防止液氮蒸发或异物浸入。

附　录　A
（规范性附录）
稀释液的配制

A.1　试剂要求

配制冻精用的稀释保护剂，应用新鲜的双蒸馏水和卵黄，二级品以上的化学试剂。

A.2　器具要求

所用器具保证清洁、无菌。

A.3　稀释液配方

配方1：双蒸馏水100毫升，蔗糖3.7克，柠檬酸钠3.7克，果糖0.5克，三羟甲基氨基甲烷0.2克，甘油5毫升，卵黄15毫升。

配方2：双蒸馏水100毫升，蔗糖3.7克，柠檬酸钠3.7克，果糖0.5克，三羟甲基氨基甲烷0.2克，5毫升维生素B_{12}，乙二醇5毫升，卵黄15毫升。

A.4　稀释液的配制

分基础液的配制、第Ⅰ液的配制和第Ⅱ液的配制：

a）基础液的配制：先准确称取蔗糖3.7克、柠檬酸钠3.7克、果糖0.5克、三羟甲基氨基甲烷0.2克，放入容器为100毫升的量筒内，加蒸馏水50毫升左右，用消毒过的玻璃棒搅拌，待溶解后再加蒸馏水定容至100毫升，混匀后用滤纸过滤于三角烧杯中，扎好瓶口，置水浴锅中隔水煮沸消毒30分钟。

b）第Ⅰ液的配制：取冷却后（室温）基础液的85毫升于三角烧瓶中，加入卵黄15毫升，用磁力搅拌器充分搅拌均匀为第Ⅰ液。

c）第Ⅱ液的配制：取第Ⅰ液45毫升，加入隔水煮沸消毒好的甘油5毫升充分搅拌均匀。

注1：以上各液每100毫升加青、链霉素各5万～10万单位。

注2：稀释保护剂要现配现用。

ICS 5.020.30
CCS B 43
备案号:56952—2017

DB63

青　海　省　地　方　标　准

DB63/T 1606—2017

藏羊细管冻精人工授精技术规程

2017-10-16发布　　2017-12-20实施

青海省质量技术监督局　发布

前 言

本标准按照GB/T 1.1—2009编写。

本标准由青海省农牧厅归口。

本标准起草单位：青海省家畜改良中心。

本标准主要起草人：张晋青、谭建宁、王芳、马元梅、常永梅、袁海洲、张楠、潘顺利、杨玉芹、郭靓、李景、张子安、白坤云、乔国艳、赵静。

藏羊细管冻精人工授精技术规程

1 范围

本规程规定了制定选配方案、组群管理、输精准备、输精、妊娠诊断、记录等内容。

本规程适用于青海省藏羊细管冻精人工授精技术的规范化操作。

2 规范性引用文件

下列文件对于本文件的应用是必不可少的。凡是注日期的引用文件，仅注日期的版本适用于本文件。凡是不注日期的引用文件，其最新版本（包括所有的修改单）适用于本文件。

DB63/T 1436 藏羊细管冷冻精液生产技术规程

3 制定选配方案

根据养殖场实际情况、羊群结构、育种和选育方向以及系谱档案材料，选择与配公羊的细管冻精，制定选配方案。

4 组群管理

4.1 母羊群的准备

参加人工授精的母羊应单独组群，禁止公、母羊混群。在配种前和配种期，应加强饲养管理。

4.2 试情公羊的准备

应挑选体质结实、健康无病、性欲旺盛的公羊作为试情公羊。

4.3 母羊发情鉴定

每日清晨，将腹下系有试情布的试情公羊放入母羊群，试情公羊与母羊的比例应为1～2∶50。每次试情时间为1.5小时～2小时，试情结束后将公羊隔离。发现主动接近公羊并接受公羊爬跨的母羊，鉴定为发情母羊，应及时隔离至待配室（圈）。

5 输精准备

5.1 主要器械

液氮罐、水浴锅、输精器、金属开膣器、镊子、剪刀、显微镜、载玻片、盖玻片等。

5.2 配种准备室、输精室的卫生和消毒

配种期间，应保持配种准备室和输精室卫生清洁，用1%高锰酸钾溶液喷洒地面消毒，每日输精前、后各进行1次。

5.3 器械的消毒和清洗

5.3.1 器械的消毒

输精前，金属器械包括输精器、金属开膣器、镊子、剪刀等用75%酒精或酒精火焰消毒；一次性输精器硬塑料外壳用75%酒精擦拭消毒，待酒精挥发后再使用；纱布用蒸气消毒。

5.3.2 器械的清洗

各种器械、毛巾使用后，用0.1%高锰酸钾溶液浸泡除去污渍，再用清水冲洗2次～3次，并保持清洁、干燥，存放于清洁贮藏柜内。

5.4 细管冻精解冻

解冻前，将水浴锅的温度调至40摄氏度，用长柄镊子将细管冻精从液氮容器中夹出，迅速浸入40摄氏度水中并晃动，待溶解后取出。

5.5 镜检

5.5.1 镜检方法

用无菌纱布擦去解冻后细管表面的水分，用剪刀剪去细管冻精封口端，取一小滴精液于载玻片，加盖盖玻片于带有38摄氏度恒温装置的显微镜下检查精子活力。

5.5.2 细管冻精精子活力要求

藏羊细管冻精精子活力应符合DB63/T 1436的要求。

6 输精

6.1 输精母羊的准备

保定母羊，用经0.1%高锰酸钾溶液浸泡的毛巾擦拭母羊外阴。擦拭每只母羊后，毛巾应浸泡在0.1%的高锰酸钾溶液中进行消毒。

6.2 输精时间

试情结束当天，对所有待配圈内发情母羊进行第一次输精，间隔6小时后进行第二次输精。

6.3 输精剂量

每次输精使用细管冻精1剂。

6.4 输精部位

子宫颈内口0.5厘米～1.0厘米。

6.5 输精方法

将镜检合格的细管冻精装入输精枪，输精员右手持输精器，左手持开膣器，先将开膣器经由阴门轻缓地插入阴道，旋转90度，打开阴道，检查阴道内有无疾病症状（出血、化脓等），有病者禁止授精。接着旋转开膣器，寻找子宫颈口，然后将开膣器固定在适当的位置，将输精器插入输精部位，用拇指轻压活塞，注入精液。对每只羊输精结束后，应用生理盐水棉球擦拭、消毒输精器和开膣器，才可继续为其他母羊输精。

做好母羊输精记录。

7 妊娠诊断

配种后第16天，将藏公羊与输精母羊混群，进行补胎，补胎22天后将公羊从母羊群中撤出。

8 记录

母羊人工授精繁殖登记表内容包括：母羊号、母羊发情时间、发情状况、输精时间及细管冷冻精液信息、输精人员等，表格形式参见附录A。

附　录　A
（资料性附录）
母羊人工授精繁殖登记表

表A.1给出了母羊人工授精繁殖登记表的表格形式。

表A.1　母羊人工授精繁殖登记表

养殖场__________________　畜主姓名______________　　　　　　年　　月　　日

母羊号	年龄	等级	发情时间	发情状况	细管冻精编号	输精时间		输精人员		是否受胎
						第一次	第二次	第一次	第二次	

ICS 65.020.30
CCS B 43
备案号:60857—2018

DB63

青　海　省　地　方　标　准

DB63/T 1693—2018

青海藏羊胚胎玻璃化冷冻制作规程

2018-09-25 发布　　　　2018-12-01 实施

青海省质量技术监督局　发布

前 言

本规程按照GB/T 1.1—2009给出的规则起草。

本标准由青海省农牧厅提出并归口。

本标准起草单位：青海省家畜改良中心。

本标准起草人：莫延新、谢秀梅、冯宇诚、张晋青、补海平、袁海洲、王廷艳、杨玉芹、李梦怡、谭建宁、扈添琴、潘顺利、马元梅、胡宁玺、白坤云。

青海藏羊胚胎玻璃化冷冻制作规程

1 范围

本标准规定了青海藏羊胚胎玻璃化冷冻制作过程中供体羊的选择和饲养管理、超数排卵、准备工作、手术冲胚、胚胎质量鉴定、胚胎玻璃化冷冻、标记和贮存。

本规程适用于青海省高原型、山谷型、欧拉型藏羊冷冻胚胎制作。

2 规范性引用文件

下列文件对于本文件的应用是必不可少的。凡是注日期的引用文件，仅注日期的版本适用于本文件。凡是不注日期的引用文件，其最新版本（包括所有的修改单）适用于本文件。

GB/T 5458 液氮生物容器

NY/T 1674 胚胎质量检测技术规程

DB63/T 039 青海藏羊

DB63/T 547.1 青海藏羊饲养管理技术规范

3 术语及定义

下列术语和定义适用于本文件。

3.1 供体羊

提供胚胎的羊个体。

3.2 超数排卵

利用生殖激素提高供体羊同期卵泡发育数量和卵子数量的技术。

3.3 冲胚

配种后第7天，用冲卵管等装置，把供体母羊子宫内的胚胎冲洗出来的过程。

3.4 检胚

对胚胎进行清洗、质量鉴定和分级的过程。

3.5 超低温保存

胚胎放置在液氮中长期保存。

3.6 胚胎玻璃化冷冻

应用高浓度防冻剂，使胚胎内外液的同源晶核形成温度与玻璃态转化温度基本接近，控制防冻剂与胚胎的平衡时间和温度，使防冻剂对胚胎毒性降低到最低程度。胚胎内外液能迅速转化形成玻璃体，直接投入液氮中保存。

4 种公羊的选择和饲养管理

4.1 种公羊的选择

体型外貌评价、生长发育等指标符合DB63/T 039要求，具有种用价值，体质健康无疫病。

4.2 种公羊的饲养管理

种公羊按照DB63/T 547.1规定，补充优质蛋白质、维生素A、维生素E，及无机盐等矿物质，做到科学饲喂，适当运动，保证中等膘情，在本交前不宜吃得过饱。

5 供体羊的选择和饲养管理

5.1 供体羊的选择

体型外貌评价、生长发育等指标符合DB63/T 039要求，生殖机能正常，体质健康无疫病。

5.2 供体羊的饲养管理

供体羊在采胚前后按照DB63/T 547.1规定，对供体羊补充能量、蛋白质、维生素和矿物质，并供给充足清洁饮水，做到科学饲喂，保证中等膘情。

6 超数排卵

6.1 超数排卵时间

供体羊超数排卵开始处理时间，应在诱导发情的第9 d进行。

6.2 超数排卵性腺激素选择

促卵泡激素（FSH）、促黄体素释放激素 A_3（促排3号）、氯前列烯醇（PG）、孕激素阴道栓塞（CIDR）。

6.3 超数排卵处理方法

超数排卵方法：促卵泡激素多次注射法（FSH多次注射法）。首先放置阴道栓塞，以放置阴道栓栓塞为发情周期第0 d，从第9 d开始，每天上、下午间隔12 h采用逐渐减量的方法肌注促卵泡激素（FSH），连续注射4 d，注射第6针促卵泡激素（FSH）时同时注射氯前列烯醇（PG）0.2 mg，在注射第7针促卵泡激素（FSH）时取出阴道栓。

剂量：根据促卵泡激素（FSH）药用剂量，依据供体母羊体重增减。

6.4 发情鉴定及配种

在第12 d下午注射最后一针促卵泡激素（FSH）时，即对供体羊进行发情鉴定，用试情公羊进行试情，每20只供体母羊放1只试情公羊，以供体羊站立接受爬跨并完成本交过程为止，间隔8 h ～ 12 h再配1次，连续配种2次～3次，同时，对供体羊每次配种结束后注射促黄体素释放激素A_3（促排3号）20 μg和维生素ADE 3 mL，做好标记与记录。

7 确定冲胚时间

配种后的第7 d从子宫回收胚胎。

8 准备工作

8.1 手术室要求

胚胎采集要在专门的手术室内进行，手术室要求洁净明亮，光线充足，面积宜大于15 m^2，以便于操作。配备照明用电，室内温度保持在20 ℃ ～ 25 ℃，手术前用紫外灯照射1 h～2 h。

8.2 供体羊准备

供体羊手术前停食12 h，供给适量饮水。

8.3 术者准备

术者剪短指甲，用指刷、肥皂水清洁，并进行消毒，术者需穿清洁手术服，戴工作帽和口罩。

8.4 冲胚主要器械药品

8.4.1 器械设备

液氮罐、手术保定架、恒温水浴锅、高压消毒锅、超声波洗涤仪、1000 mL容量瓶、超纯水器、电热鼓风干燥箱、体视镜、羊用二通式冲卵管、滞留针、集卵杯、手术器械、创伤巾。

8.4.2 药品

酒精、碘酊、新洁尔灭、0.9%生理盐水、盐酸普鲁卡因青霉素、麻醉剂、清醒剂、氯前列烯醇（PG）。

8.5 冲胚保存液的配制

含犊牛血清的杜氏磷酸盐缓冲液。杜氏磷酸盐缓冲液（PBS）配制方法见附录A。

9 手术冲胚

9.1 供体羊的保定和麻醉

供体羊仰放在手术保定架上，四肢固定，通过肌肉注射药物进行全身麻醉处理。

9.2 手术部位及其消毒

手术部位在乳房前腹中线与后肢股内侧的交汇处。经剃毛和清水清洗手术部位后，涂以2%的碘酒做消毒处理，待干后再用75%的酒精棉脱碘，盖上创伤巾。

9.3 手术操作

9.3.1 组织分离

避开血管，在手术部位纵向切开5 cm～8 cm长的切口，切口方向与组织走向尽量一致，肌肉切开采用钝性分离。

9.3.2 引出子宫角和输卵管

切开后，在与骨盆腔交界的前后位置触摸子宫角，摸到后用二指夹持，引出子宫角、输卵管、卵巢。记录左右卵巢表面的卵泡数和黄体数。

9.3.3 冲胚

子宫角冲胚法：用尖嘴镊子在子宫体扎孔，将冲卵管插入，使气球在子宫角分叉处，并注入空气，使气球膨胀，冲卵管外接集卵杯。滞留针从子宫角尖端插入，当确认针头在管腔时，进退畅通，用注射器吸入含有空气的冲胚液30 mL，推入子宫，冲胚液从子宫体冲胚管流出，流入集卵杯。另一侧子宫角用同样的方法冲胚。

9.3.4 术后处理

采胚完毕后，在子宫手术部位涂适量盐酸普鲁卡因青霉素，复位器官，用37 ℃灭菌生理盐水冲去血凝块，湿润母羊子宫。手术中出血应及时止血，对常见的毛细管出血或渗血，用纱布敷料轻压出血处即可。小血管出血可用止血钳止血，较大血管出血除用止血钳夹住暂时止血外，必要时做缝合处理。

9.3.5 伤口缝合

供体母羊创口采用两层缝合法，即腹膜与肌肉单纯连续缝合，外皮单纯间断缝合。缝合后，在伤口周围涂抹碘酊，肌注清醒剂和氯前列烯醇。

10 胚胎质量鉴定

10.1 镜检

过滤杯法：检胚时先用冲卵液冲洗集卵杯过滤网，并滤去集卵杯中多余的回收液，使液面低于过滤网，在体视镜下根据集卵杯底网格顺序捡取胚胎。

10.2 胚胎的鉴定和分级

胚胎的鉴定和分级按照NY/T 1674进行。

A、B级胚胎可用于进行冷冻。胚胎冷冻前，要在杜氏磷酸盐缓冲液（PBS液）中冲洗10次。

11 胚胎玻璃化冷冻

11.1 冷冻溶液配制

冷冻溶液具体配制方法见附录B。

11.2 玻璃化胚胎制作及冷冻

11.2.1 细管二步法

首先在10% EG（乙二醇）预处理液中平衡5 min，然后将胚胎移入事先装好玻璃化溶液的0.25 mL塑料细管内，快速完成装管和封口，在25 s内投入液氮中冷冻保存。玻璃化冷冻保存胚胎细管（0.25 mL）溶液配置顺序见图1。

11.2.2 开放式拉长细管（open pulled straw，OPS）法

用酒精灯明火将0.25 mL细管中部加热拉细，并拉长至22 cm，用刀片切除细管棉塞段，然后在9.5 cm处的细管中间切断，即制成OPS管，其管壁内径约为0.8 mm～1 mm，管壁厚0.08 mm。

室温为25 ℃，胚胎操作于37 ℃恒温台上进行。首先用与口吸管相连的OPS将胚胎移入10% EG（乙二醇）中平衡30 s，然后移入玻璃化溶液中平衡25 s后投入液氮中保存。玻璃化冷冻保存胚胎细管（0.25 mL）溶液配置顺序见图1。

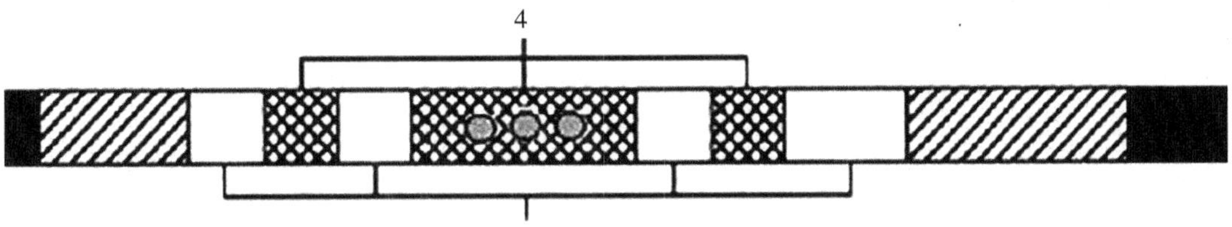

说明：

1 ——栓；2 ——0.5 mol/L蔗糖液；3 ——空气；4 ——玻璃化溶液。

图1 玻璃化冷冻保存胚胎细管（0.25 mL）溶液配置顺序

11.3 标记和贮存

11.3.1 标记

OPS管装入离心管进行标记，细管在细管塞上进行标记，标记信息为：第1行注明品种、供体羊号，第2行注明胚胎阶段、级别、数量、冷冻方法，第3行注明制作日期；同时填写青海藏羊胚胎冷冻记录表（见附录C）。

11.3.2 贮存

将标记后的胚胎细管存放在液氮生物容器中。液氮生物容器符合GB/T 5458 。

12 解冻

12.1 细管二步法解冻

解冻在25 ℃室温下，将细管从液氮中取出，空气中10 s，迅速移入25 ℃水浴中平行晃动10 s，待细管内蔗糖部分由乳白变为透明时，取出细管，拭去细管表面水分，剪掉封口端，用直径小于细管内径的金属杆推动棉栓，将细管内容物推入含有0.5 mol/L蔗糖液的表面皿中，在实体显微镜下回收胚胎，然后将胚胎移入新鲜的0.5 mol/L蔗糖液滴中平衡5 min，以脱出细胞内部抗冻保护剂，最后用PBS液洗净胚胎。

12.2 开放式拉长细管（open pulled straw，OPS）法解冻

解冻在25 ℃室温下，将冷冻的OPS管由液氮中取出后直接浸入含有0.5 mol/L蔗糖液的表面皿中解冻，然后将回收的胚胎移入新鲜的0.5 mol/L蔗糖液中平衡5 min，以脱出抗冻保护剂，最后用PBS洗净胚胎。

附　录　A
（资料性附录）
杜氏磷酸盐缓冲液（PBS）配方

表A.1给出了杜氏磷酸盐缓冲液（PBS）配方。A、B原粉配方见表A.1，将A、B原粉分别用灭菌双蒸水冲洗入容量瓶定容至1000 mL，并加入犊牛灭活血清10 mL，充分混匀待用。

表A.1　杜氏磷酸盐缓冲液（PBS）配方

	试剂名称	浓度
A原粉	NaCl	8.0 g/L
	KCl	0.20 g/L
	$CaCl_2$	0.10 g/L
	$MgCl_2 \cdot 6H_2O$	0.20 g/L
B原粉	$Na_2HPO_4 \cdot 7H_2O$	2.16 g/L
	KH_2PO_4	0.20 g/L

附 录 B
（规范性附录）
冷冻溶液配制方法

B.1 冷冻溶液配制方法

选用精密度容量瓶，严格按照溶液配制方法进行操作：

a）预处理液：10%EG（乙二醇） = EG 1 mL + DPBS 9 mL；

b）FS 液：Ficoll（聚蔗糖，分子量 70000）1.5 g + DPBS（不含 BSA 或 FCS）3.51 mL，溶化后添加 Sucrose（蔗糖）0.856 g，待蔗糖溶化后添加 10.5 mg BSA（全部溶解后的体积等于 5 mL，根据使用量可成倍扩增）；

c）Ficoll（聚蔗糖，分子量 70000）3.0 g + DPBS（不含 BSA 或 FCS）7.02 mL，溶化后添加 Sucrose（蔗糖）1.712 g，待蔗糖溶化后添加 21 mg BSA（全部溶解后的体积等于 10 mL，根据使用量可成倍扩增）；

d）EFS 35（玻璃化溶液）：EG 3.5 mL + FS 液 6.5 mL，即为 EFS 35；

e）0.5 mol/L 蔗糖液：蔗糖（Sucrose）8.5575 g 全部溶解后的体积等于 50 mL（蔗糖分子量 342.3）。

附 录 C
（资料性附录）
青海藏羊胚胎冷冻记录表

表C.1给出了青海藏羊胚胎冷冻记录表。

表C.1 青海藏羊胚胎冷冻记录表

品种： 制作地点： 日期：

<table>
<tr><td>供体号</td><td colspan="5">母畜</td><td colspan="7">公畜</td></tr>
<tr><td rowspan="2">超排情况</td><td rowspan="2">黄体数</td><td colspan="4">左侧：</td><td rowspan="2">卵泡数</td><td colspan="3">左侧：</td><td rowspan="2">其他</td><td colspan="2" rowspan="2"></td></tr>
<tr><td colspan="4">右侧：</td><td colspan="3">右侧：</td></tr>
<tr><td rowspan="5">鲜胚数质量评定</td><td colspan="8">可用胚胎数</td><td colspan="3">不可用胚胎数</td><td rowspan="2">未受精</td></tr>
<tr><td>总数</td><td>等级</td><td>EM</td><td>M</td><td>CM</td><td>EB</td><td>BL</td><td>EXB</td><td>总数</td><td>2～8细胞</td><td>退化</td></tr>
<tr><td></td><td>A</td><td></td><td></td><td></td><td></td><td></td><td></td><td></td><td></td><td></td><td></td></tr>
<tr><td></td><td>B</td><td></td><td></td><td></td><td></td><td></td><td></td><td></td><td></td><td></td><td></td></tr>
<tr><td></td><td>C</td><td></td><td></td><td></td><td></td><td></td><td></td><td></td><td></td><td></td><td></td></tr>
<tr><td>合计</td><td></td><td></td><td></td><td></td><td></td><td></td><td></td><td></td><td></td><td></td><td></td><td></td></tr>
<tr><td>冷冻情况</td><td colspan="12"></td></tr>
<tr><td>冲胚员</td><td colspan="12"></td></tr>
<tr><td>检胚员</td><td colspan="12"></td></tr>
<tr><td>冷冻员</td><td colspan="12"></td></tr>
</table>

记录员：

ICS 65.020.30
CCS B 43
备案号:78030—2021

DB63

青　海　省　地　方　标　准

DB63/T 1875—2020

青海藏羊冷冻精液腹腔镜输精操作规程

2020-12-09 发布　　2021-01-01 实施

青海省市场监督管理局　发布

前言

本文件按照GB/T 1.1—2020《标准化工作导则 第1部分：标准化文件的结构和起草规则》的规定起草。

本文件由青海省农业农村厅提出并归口。

本文件起草单位：青海省家畜改良中心。

本文件主要起草人：莫延新、谢秀梅、冯宇诚、谭建宁、张晋青、张子安、补海平、扈添琴、李梦怡。

本文件由青海省农业农村厅监督实施。

青海藏羊冷冻精液腹腔镜输精操作规程

1 范围

本文件规定了青海藏羊冷冻精液腹腔镜输精过程中的组群、同期发情处理、发情鉴定、输精前的准备、输精、输精后的护理、妊娠诊断。

本文件适用于种畜场、保种场、规模化养殖场、合作社等。

2 规范性引用文件

下列文件中的内容通过文中的规范性引用而构成本文件必不可少的条款。其中，注日期的引用文件，仅该日期对应的版本适用于本文件；不注日期的引用文件，其最新版本（包括所有的修改单）适用于本文件。

NY/T 1234　牛冷冻精液生产技术规程

DB63/T 039　青海藏羊

DB63/T 547.1　青海藏羊饲养管理技术规范

DB63/T 1436　藏羊细管冷冻精液生产技术规程

3 术语及定义

下列术语和定义适用于本文件。

3.1 腹腔镜人工输精

通过采用套管穿刺的方法，借助腹腔镜将精液输送到母畜子宫角的人工输精技术。

4 组群

4.1 母羊群的准备

按照DB63/T 039要求，选择体质健康、发情正常、无流产史的成年母羊单独组群，按照DB63/T 547.1进行母羊配种前、后饲养管理。

4.2 试情公羊的准备

挑选体质健康无病、性欲旺盛的2岁～5岁公羊作为试情公羊。

5 同期发情处理

应用阴道栓（CIDR）+孕马血清促性腺激素（PMSG）+氯前列醇注射液进行发情处理，具体操作如下：

a）放置阴道栓，记为同期发情处理的第0 d；

b）第12 d，撤栓，并注射400国际单位孕马血清（PMSG），0.2 mg氯前列醇注射液（PG）。

6 发情鉴定

同期发情处理第13 d，早晚用腹下系有试情布的试情公羊进行试情，试情公羊与母羊的比例宜为1：20～1：40，主动接近公羊并接受公羊爬跨的母羊即判定为发情，及时隔离，待输精。

7 输精前准备

7.1 器械设备准备

准备液氮罐、保定架、恒温水浴锅、超声波洗涤仪、1000 mL容量瓶、高压灭菌锅、电热鼓风干燥箱、羊腹腔内窥镜、输精枪、显微镜等设备。按照NY/T 1234进行器械的清洗和消毒。

7.2 药品准备

盐酸赛拉嗪注射液、盐酸苯噁唑注射液、0.1%新洁尔灭溶液、0.9%的NaCl溶液、2%碘酊、75%乙醇、青霉素。

7.3 输精母羊准备

发情母羊停食停水12 h。

7.4 人员准备

用0.1%新洁尔灭溶液清洗手臂擦干，进入输精操作室，穿戴好工作服、帽、口罩，用75%酒精棉球擦拭消毒手臂，戴医用手套。

8 输精

8.1 输精时间

发情后12 h～24 h内进行输精。

8.2 输精间要求

输精间要求干净明亮，光线充足、无尘。室内温度保持在20 ℃～25 ℃。早、晚喷雾消毒，输精前用紫外灯照射1 h～2 h。

8.3 细管冻精准备

按照DB63/T 1436进行细管冻精解冻、镜检，精子活力符合DB63/T 1436的要求。

8.4 输精母羊的保定

仰卧斜倒立保定在手术架上，角度为40°～60°。输精前5 min肌肉注射0.5 mL 2%的盐酸赛拉嗪作全麻处理。

8.5 手术部位及消毒

手术部位在母羊乳房下方8 cm～10 cm，离腹中线4 cm处。经剪毛和清水清洗后，用2%碘酊消毒，待干后再用75%酒精脱碘，盖上手术巾。

8.6 输精操作

8.6.1 装枪

解冻镜检后活力符合要求的细管冻精，将有棉塞的一端套到输精枪钢芯上，将钢芯拉到底套上输精枪外套管，细管剪口端与套管针头端顶紧，外套管后段与输精枪后螺纹旋转卡紧，用于输精操作。

8.6.2 穿刺

操作人员轻轻抓起母羊皮肤将穿刺部位皮肤和肌肉组织错开，食指与拇指同时握住穿刺针的前端，以握拳状将针以向内45°进行穿刺，当前端已经刺入皮肤后，将穿刺针撤出，使用套管向腹腔内进行钝性穿刺。按此方法，将1.0 cm和0.5 cm直径穿刺针分别刺入腹中线两侧。

8.6.3 卵巢发育状态观察

在0.5 cm直径套管中插入长钳，1 cm直径套管中插入冷光源。通过长钳找到并夹住一侧的输卵管，轻轻向另一侧带动，使卵巢暴露在冷光源范围内，观察卵泡发育情况，卵巢上有卵泡或者卵泡刚刚排出，排出部位呈现火山口状或新鲜的出血点时，进行输精。

8.6.4 输精

通过长钳将子宫角调整到中线正对视野范围内，撤出长钳，将已放置了冻精的输精枪插入到撤出的套管中，借助冷光源对准子宫角上1/3（大弯）处，手腕用力，快速将针头垂直刺入子宫角内，推动输精枪钢芯注入细管冻精1支（0.25 mL剂型）后退出针头。同样的方法完成另一侧子宫角输精。

9 输精后的护理

完成输精后，肌注0.5 mL盐酸苯噁唑。用碘酊对穿刺部位进行消毒处理，同时肌注160万单位青霉素，无须缝合，直接将母羊放入单独圈舍统一管理，防止剧烈运动，第一次采食要控制饲喂量为正常量的1/3，以防腹腔内大网膜从创口处鼓出。

10 妊娠诊断

输精后40 d后，母羊站立保定，通过兽医B超仪（探头为S3/3.5 MHz机械扇扫）在乳房与后腿上部交叉的无毛区域进行探测，检测时将探头与皮肤垂直，压紧，匀速贴皮肤移动。B超仪屏幕上显示出孕囊即判断羊怀孕；未检测出孕囊即判断羊未孕。

ICS 65.020.30
CCS B 43
备案号:78031—2021

DB63

青　海　省　地　方　标　准

DB63/T 1876—2020

藏羊采精技术操作规程

2020-12-09发布　　2021-01-01实施

青海省市场监督管理局　发布

前言

本文件按照GB/T 1.1—2020《标准化工作导则　第1部分：标准化文件的结构和起草规则》的规定起草。

本文件由青海大学畜牧兽医科学院（青海省畜牧兽医科学院）提出。

本文件由青海省农业农村厅归口。

本文件起草单位：青海大学畜牧兽医科学院（青海省畜牧兽医科学院）。

本文件主要起草人：阎明毅、余忠祥、吴森、张强龙。

本文件由青海省农业农村厅监督实施。

藏羊采精技术操作规程

1 范围

本文件规定了藏羊采精技术中术语和定义、假阴道法、电刺激法的技术要求。

本文件适用于藏羊采精、人工授精配种。

2 规范性引用文件

下列文件中的内容通过文中的规范性引用而构成本文件必不可少的条款。其中，注日期的引用文件，仅该日期对应的版本适用于本文件；不注日期的引用文件，其最新版本（包括所有的修改单）适用于本文件。

DB63/T 453.5 青海省肉羊繁育技术规程。

DB63/T 547.1 青海藏羊饲养管理技术规范。

3 术语和定义

下列术语和定义适用于本文件。

3.1 假阴道法

利用人工模拟发情母畜的阴道环境，诱导公畜在其中射精。

3.2 电刺激采精法

通过电刺激动物脊椎部低级神经中枢，产生精液的方法。

4 假阴道法

按DB63/T 453.5中人工授精的规定执行。

5 电刺激法

5.1 准备与消毒

常规器材、采精室、公母羊的准备与消毒按DB63/T 453.5中人工授精的规定执行。公羊配种期的日粮按DB63/T 547.1中饲养技术的规定执行。电刺激采精仪进行校准，采精室应有220伏电源。

5.2 操作步骤

5.2.1 采精方式分为立式和侧卧式。

5.2.2 对羊只进行保定，剪掉阴茎基部周围的长毛，用清水冲洗阴茎及包皮，用75%的酒精消毒，再用生理盐水冲洗干净，最后用灭菌脱脂棉擦干。

5.2.3 操作者先用酒精棉球将电极棒与肛门消毒，然后涂抹凡士林。通过旋转将电刺激棒轻轻插入肛门直肠内，电刺激棒全部进入直肠为止。两块金属条方向朝正下方，置于紧贴直肠底壁靠近输精管壶腹部。

5.2.4 助手左手持集精杯，右手按摩睾丸和阴茎。

5.2.5 操作者将采精仪开关打到ON键，将主电压调到12伏。刺激电流由0 mA调到100 mA，每次刺激10秒～15秒，间歇10秒左右，观察公羊射精情况。若无，操作者等待10秒钟左右后再进行第二次刺激。重复上述操作，最多只能刺激4次。

5.2.6 采精结束后，助手马上将精液送检。操作者将采精仪各调节旋钮逐档回零，切断电源，然后拔出电极棒，洗净，消毒。并做好采精记录，具体详见附录A。精液品质检查、授精按 DB63/T 453.5 中人工授精的规定执行。并做好人工授精配种记录。

5.3 注意事项

5.3.1 采精时间宜安排在空腹状态下进行。

5.3.2 遵循刺激电压和频率由低至高、刺激时间由短到长、间歇时间由长到短、反复刺激、循序渐进的原则。

5.3.3 随着刺激强度增加，公羊阴茎膨大勃起，射精常在突然通电瞬间或持续刺激时突然调高电压时发生，一般一次性即可采到精液。金属条应紧贴直肠的底壁。

5.3.4 采精频率应根据配种季节、公羊生理状态等实际情况而定。在配种期间，成年种公羊每天可采精1次～2次，连续3天～5天，休息1天。必要时，每天采精3次～4次，两次采精间隔2小时。一般不连续高频率采精，以免影响公羊采食、性欲和精液质量。

附　录　A
（资料性）
种公羊采精记录表

采精记录具体填写事项详见表A.1。

表A.1　种公羊采精记录表

____________县________________乡村（场）

种公羊号		品种		年度				
采精		原精液品质鉴定				稀释后精液品质鉴定		
日期	时间	采精量	密度	活力	色泽	倍数	密度	活力

采精员：　　　　　　　　　　　　　　　　　　　　精检员：

ICS 65.020.30
CCS B 43
备案号:78032—2021

DB63

青　海　省　地　方　标　准

DB63/T 1877—2020

青海藏羊两年三胎繁殖调控技术规范

2020-12-09发布　　　　2021-01-01实施

青海省质量技术监督局　发布

前言

本文件按照GB/T 1.1—2020《标准化工作导则　第1部分：标准化文件的结构和起草规则》的规定起草。

本文件由青海大学畜牧兽医科学院（青海省畜牧兽医科学院）提出。

本文件由青海省农业农村厅归口。

本文件起草单位：青海大学畜牧兽医科学院（青海省畜牧兽医科学院）、海北藏族自治州畜牧兽医科学研究所、祁连县畜牧兽医站。

本文件主要起草人：马世科、乔海生、周玉青、扎西塔、马玉红。

本文件由青海省农业农村厅监督实施。

青海藏羊两年三胎繁殖调控技术规范

1 范围

本规范规定了藏羊两年三胎繁殖调控技术术语和定义、繁殖调控、饲养管理等要求。本规范适用于放牧补饲条件下开展藏羊两年三胎生产的规模化羊场、合作社和农牧户。

2 规范性引用文件

下列文件中的内容通过文中的规范性引用而构成本文件必不可少的条款。其中，注日期的引用文件，仅该日期对应的版本适用于本文件；不注日期的引用文件，其最新版本（包括所有的修改单）适用于本文件。

DB63/T 039　青海藏羊

DB63/T 453.5　青海肉羊繁育技术规程

3 术语和定义

DB63/T 039界定的以及下列术语和定义适用于本文件。

3.1 两年三胎

通过繁殖调控，打破放牧条件下明显季节性繁殖特性，缩短母羊繁殖间隔，在24个月内完成三个繁殖周期的一种生产体系。

4 繁殖调控

4.1 组群

4.1.1 母羊群

选择2岁～5岁经产母羊，合作社和规模化养殖户（场）300只为宜，一般农牧户规模控制在200只为宜。

4.1.2 种公羊群

选择2岁～4岁公羊，以繁殖母羊群规模1∶20～1∶25确定公羊数量。

4.2 繁殖周期

4.2.1 繁殖前期

组群应在繁殖调控开始前20天完成，母羊群划分出单独牧场放牧，配种前适当补饲以提高发情整齐度，补饲标准为每日补饲精料每只0.15 kg。

4.2.2 循环周期

一个繁殖周期：妊娠期5个月，哺乳期2个月，恢复期1个月，合计8个月；三个周期24个月，二年完成三个繁殖周期。

4.2.3 时间节点

放牧藏羊首次开展繁殖调控，组群、发情处理、第一胎配种时间，宜安排在自然放牧条件下藏羊发情旺季（7月～9月），各地在实践中可根据生产实际，合理安排开始时间，配种完成后，进入繁殖周期循环生产阶段，时间节点详见附录A。

4.3 繁殖技术

4.3.1 发情处理

首次开展繁殖调控第一胎配种前，使用氯前列烯醇外源性激素进行同期发情处理，进入循环生产阶段后不再进行药物处理，自然发情配种。

4.3.2 配种方法

4.3.2.1 自由交配

按繁殖周期节点安排，公羊投入母羊群，交配产生后代。

4.3.2.2 人工授精

人工授精按DB63/T 453.5附录A的规定执行。

5 饲养管理

5.1 种公羊

放牧补饲饲养，常年保持中上等体况，保证放牧时间和饮水，配种前30天开始补饲，暖季补饲精料补充料每日每只0.15 kg，配种开始增加到每日每只0.25 kg，直至配种结束。冷季每日每只补饲0.25 kg，配种开始增加到每日每只0.30 kg，直至配种结束。

5.2 母羊

母羊全年保持良好体况和膘情，保证放牧时间和饮水。羊舍冷季温度须达到0 ℃以上，保持干燥通风，舍内常年放置矿物质舔砖。母羊两年三胎繁殖营养调控补饲方案见表1。

表1 母羊两年三胎繁殖营养调控补饲方案

繁殖周期	冷季(11月15日～5月15日)	暖季(5月15日～11月15日)
妊娠后期(105天～150天)	每日每只0.15 kg	每日每只0.10 kg
哺乳期	每日每只0.25 kg	每日每只0.20 kg
恢复期	每日每只0.25 kg	每日每只0.20 kg

5.3 羔羊

5.3.1 接羔

需做好接羔准备，产羔季节白天跟群放牧，夜晚及时查看，遇难产及时人工助产。产羔舍要求宽敞、整洁、通风良好，温度以4 ℃～8 ℃为宜，定期开展消毒。产后在离脐带基部约5 cm～8 cm处剪断后，用碘酊消毒，保证羔羊及时吃到初乳。

5.3.2 早期断奶

初生至断奶阶段，羔羊随母饲养，锻炼采食牧草和精料，羔羊2月龄断奶，母羊恢复体力，提早发情。

附 录 A
（资料性）
青海藏羊两年三胎繁殖调控技术流程图

青海藏羊繁殖循环生产阶段时间节点详见图A.1。

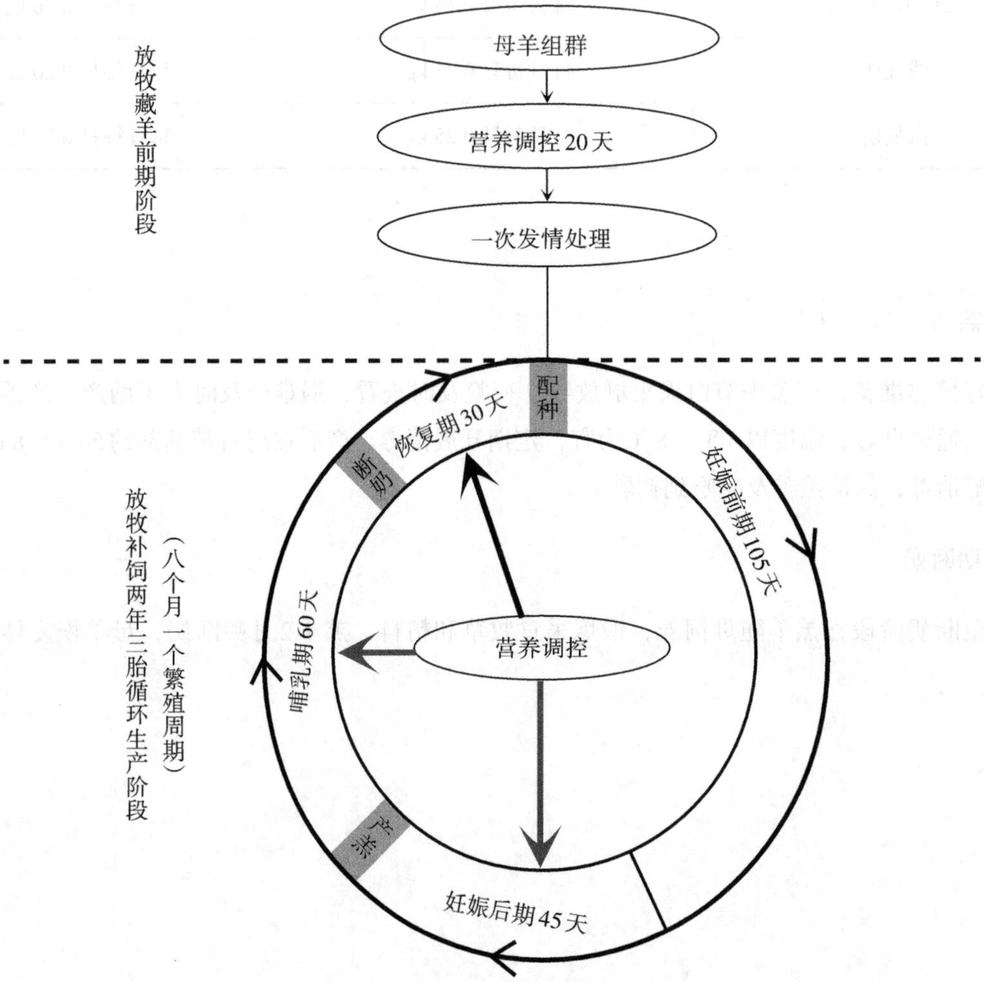

图A.1 青海藏羊两年三胎繁殖调控技术流程图

二、饲养管理

ICS 65.020.01
CCS B 43
备案号:13644—2003

DB63

青 海 省 地 方 标 准

DB63/T 038—2003
代替DB63/T 039—1988

青海高原毛肉兼用半细毛羊

The Qinghai wool and meat oriented se mi-fine wool sheep

2003-04-08发布 2003-05-14实施

青海省质量技术监督局 发布

前 言

青海高原毛肉兼用半细毛羊（简称青海半细毛羊）育成于1987年，时值农村牧区经济改革体制的重要时期，伴随着草原承包到户，牲畜作价归户、私有私养，政策的落实，农牧民生产自主权得到了确定，半细毛羊的育种因未随生产经营方式的转变而采取相应的措施，出现了繁育方面的失控现象，特别是返交乱配严重，羊数骤减、品质下降。目前，原有的青海高原毛肉兼用半细毛羊地方标准（DB63/038—1988）已不适应现实需要，为了巩固提高青海半细毛羊生产性能和产品质量，修订了本标准。

标准中的各项经济技术指标，是参照青海半细毛羊巩固提高项目1998年—2002年实施期间，在德令哈市、乌兰县、都兰县、海晏县、门源县、共和县测定的各项经济技术参数，结合生产现状和发展趋势，予以修订。

本标准的编写按GB/T1.1—2000年《标准化工作导则　第1单元：标准的起草与表述规则　第1部分：标准编写的基本规定》进行编写。

本标准的附录A为资料性附录。

本标准由青海省畜牧厅提出。

本标准由青海省质量技术监督局批准。

本标准起草单位：青海省畜牧兽医总站。

本标准主要起草人：焦小鹿、范涛、刘海珍、王煜。

青海高原毛肉兼用半细毛羊

1 范围

本标准规定了青海高原毛肉兼用半细毛羊的主要外貌特征、羊毛品质和生产性能的等级标准。

本标准适用于青海高原毛肉兼用半细毛羊的鉴定、分级及种羊出售。

2 规范性引用文件

下列文件中的条款通过本标准的引用而成为本标准的条款。凡是注日期的引用文件，其随后所有的修改单（不包括勘误的内容）或修订版均不适用于本标准，然而，鼓励根据本标准达成协议的各方研究是否可使用这些文件的最新版本。凡是不注日期的引用文件，其最新版本适用于本标准。

NY/T 74—1988　羊毛样品采集方法

NY/T 76—1988　羊毛细度测定方法

NY/T 77—1988　羊毛长度测定方法

3 术语和定义

下列术语和定义适用于本标准。

3.1 半细毛　semi-fine wool

由同一种纤维类型的两型毛或较粗的无髓毛组成，细度 25.1 μm～55.0 μm 或品质支数 36 支～58 支。

3.2 同质毛　homogeneous wool

又称同型毛，是由同一类型毛纤维组成的被毛。其细度、弯曲及其他外表特征相似。

3.3 毛丛　staple

是由同一个毛囊群生长出的所有毛纤维的弯曲数和形状相同，有油汗黏合，形成毛束，再由若干毛束相互集结形成小毛丛。若干小毛丛相互连结形成毛丛。

3.4 羊毛长度　wool length

指羊毛的自然长度，是毛丛在自然状态下两端间的直线距离。

3.5 羊毛细度　wool fineness

羊毛纤维横切面的直径或宽度。

3.6 羊毛油汗 wool grease and suint

羊毛中所含羊毛脂和汗液的统称。

3.7 羊毛密度 wool density

指被毛的紧密度，常以手感判断羊毛的密度大小，也指单位面积皮肤内的纤维数。

3.8 匀度 fiber uniformity

指毛纤维沿其长度方向上的粗细均匀性和毛丛内毛纤维之间的细度差异程度。

4 测定技术

4.1 羊毛样品采集

按NY/T 74—1988规定执行。

4.2 羊毛长度的测定

按NY/T 77—1988规定执行。

4.3 羊毛细度的测定

按NY/T 76—1988规定执行。

4.4 油汗的测定

测定油汗占毛丛的高度，分辨油汗的颜色。

5 品种标准

5.1 外貌特征

本品种分为两个类型：

5.1.1 环湖型

头、颈和四肢较短而粗，背腰平直、体躯深圆，呈圆桶型；臀及肩部较丰满，唇、鼻镜为灰褐色或有色素斑点，蹄壳呈黑色、黑白相间或为乳白色；公羊无角，母羊无角或有不发达的小角；允许头及四肢有少量色斑。

5.1.2 柴达木型

头肢稍长，体躯呈长方形；唇、鼻镜呈粉红色或褐色，蹄壳呈乳白色或黑白相间；公羊大多有螺旋形角，母羊无角或有小角；允许头及四肢下部有少量色斑。

5.2 羊毛品质

被毛白色，呈毛丛结构，羊毛密度中等，具浅波弯曲，细度以50支～58支为主，被毛匀度良好，体侧和股部羊毛细度相差不超过一个品质支数。头部毛覆盖至角基或两眼连线，四肢毛着生至腕关节与飞节，腹毛正常。羊毛油汗分布高度在2 cm以上，呈乳白色或淡黄色。

5.3 生产性能

在终年放牧、冬春季有少量补饲条件下的理想型最低生产性能指标见表1。

表1 理想型最低生产性能

性别	年龄	体重(6月初)(kg)	产毛量(kg)	毛长(cm)
公羊	成年	65	5.0	10.0以上
公羊	二岁	50	4.0	10.0以上
公羊	周岁	40	2.5	10.0以上
母羊	成年	36	2.8	9.0以上
母羊	二岁	32	2.5	9.0以上
母羊	周岁	25	2.0	9.0以上

青海高原毛肉兼用半细毛羊净毛率在55%以上；在放牧条件下成年羯羊屠宰率在45%以上，经产母羊的产羔率一般为100%～103%。

6 分级标准

青海高原毛肉兼用半细毛羊鉴定后分三级。

6.1 一级

体型外貌、被毛品质和生产性能全面符合品种标准的羊为一级羊。

一级羊中，凡具有本品种类型特点，体质结实，体重、毛量及毛长全部超过理想型最低生产性能指标10%的优秀个体可列为特级。

6.2 二级

基本符合品种标准，但在体重、毛量、毛长、密度或细度方面有一或两项略低于一级羊标准的羊均列为二级羊。其中：

体重、毛量：公、母羊分别不低于一级羊标准的90%和80%。

毛羊：公羊不短于9.5 cm，母羊不短于8.0 cm。

羊毛细度：公羊不细于56支，母羊不细于58支。

6.3 三级

凡被毛纯白同质，但体重、毛量、毛长达不到二级羊的标准，或背、腹部有较大面积的深弯和环状弯曲的个体均列为三级。

三级羊及其后代只能做生产羊，不能做种羊。

附　录　A
（规范性附录）
青海半细毛羊鉴定登记表

表A.1　青海半细毛羊鉴定登记表

________县________乡________村　　　　　　　　　　群别：________

羊号	性别	年龄	类型	体格大小	被毛品质							剪毛量(kg)	体重(kg)	等级		备注
					密度	长度cm	细度支	弯曲	匀度	油汗	头腹四肢毛着生			初评	核定	
			X		M			W	Y	H	OOO					
			X		M			W	Y	H	OOO					
			X		M			W	Y	H	OOO					
			X		M			W	Y	H	OOO					
			X		M			W	Y	H	OOO					
			X		M			W	Y	H	OOO					
			X		M			W	Y	H	OOO					
			X		M			W	Y	H	OOO					
			X		M			W	Y	H	OOO					
			X		M			W	Y	H	OOO					
			X		M			W	Y	H	OOO					
			X		M			W	Y	H	OOO					
			X		M			W	Y	H	OOO					

鉴定者：　　　　　　登记者：　　　　　　年　月　日　　　　　　第________

ICS 65.020.30
CCS B 43
备案号:86561—2022

DB63

青海省地方标准

DB63/T 039—2021
代替DB63/T 039—2005

青海藏羊

2021-12-25发布 2022-02-01实施

青海省市场监督管理局 发布

前 言

本文件按照GB/T 1.1—2020《标准化工作导则　第1部分：标准化文件的结构和起草规则》的规定起草。

本文件代替DB63/T 039—2005《青海藏羊》，与DB63/T 039—2005相比，除结构性调整和编辑性改动外，主要技术变化如下：

——删除了“规范性引用文件”中原引用文件，增加了两个引用文件（见第2章，2005年版的第2章）；

——删除了“术语和定义”中部分术语（见第3章，2005年版的第3章）；

——增加了“品种分布”相关内容（见第4章）；

——删除了“山谷型藏羊”和“欧拉型藏羊”相关内容（见2005年版的第4章和第5章）；

——增加了“体尺、体重”的表述性指标（见5.3）；

——增加了“产毛性能”（见6.1）“产肉性能”（见6.2）和“繁殖性能”（见6.3）相关内容；

——增加了“品种鉴定”相关内容（见第7章）；

——增加了“体型评分”（见8.2.2.1）、“毛色评分”（见8.2.2.2）、“死毛评分”（见8.2.2.3）；

——更改了等级评定指标（见8.4，2005年版的第5章）；

——删除了“附录A　死毛含量限制指标及操作”的内容（见2005年版的附录A）；

——增加了“青海藏羊体型外貌特征照片”资料性附录（见附录A）。

本文件由青海省农业农村厅提出并归口。

本文件主要起草单位：青海省畜牧总站。

本文件主要起草人：郭继军、韩学平、张莲芳、艾德强、周佰成、张亚君、洛藏旦增、许威、卫世腾、李浩、陈永伟、齐晨、德乾恒美、林治佳、羊卓、张积英、孙德、肖锋、扎西塔、才旦卓玛、马福海、肖玉成、孙静、林媛。

本文件及其所代替文件的历次版本发布情况为：

——DB63/T 039—1998；

——DB63/T 039—2005；

——本次为第三次修订。

本文件由青海省农业农村厅监督实施。

青海藏羊

1 范围

本文件规定了青海藏羊的品种分布、品种特征、生产性能、品种鉴定、等级评定、记录等内容。本文件适用于青海藏羊的品种鉴定、等级评定。

2 规范性引用文件

下列文件中的内容通过文中的规范性引用而构成本文件必不可少的条款。其中，注日期的引用文件，仅该日期对应的版本适用于本文件；不注日期的引用文件，其最新版本（包括所有的修改单）适用于本文件。

DB63/T 545.1 种羊鉴定程序

DB63/T 547.3 青海藏羊生产性能测定技术规范

3 术语和定义

下列术语和定义适用于本文件。

3.1 绒毛

存在于被毛内层毛中，由细、短、弯曲明显而且整齐的无髓毛纤维组成，细度介于15 μm～30 μm。

3.2 粗毛

被毛中粗、长、无弯曲或少弯曲，有连续状髓质层，细度介于40 μm～120 μm的毛纤维。

3.3 两型毛

介于有髓毛和无髓毛之间的一种中间类型的毛纤维，细度为30 μm～50 μm。

3.4 死毛

被毛中粗硬、色泽枯白、质脆易断的一种变态有髓毛。

3.5 毛辫

被毛上由于毛纤维长短不一、交互盘结而集束成辫状的毛束。

4 品种分布

青海藏羊是青海省原始粗毛羊品种，主要分布在海北藏族自治州、海西蒙古族藏族自治州、海南藏族自治州、玉树藏族自治州、果洛藏族自治州全境，黄南藏族自治州、海东市、西宁市也有少量分布。

5 品种特征

5.1 体型外貌

头呈三角形，鼻梁隆起，两耳略下垂，四肢端正，体质结实，结构匀称，楔形小尾，体躯呈矩形，公羊具有一对粗大扁平呈旋状向上向外弯曲伸展的角，母羊角较小，多数呈螺旋状向外上方斜伸，个别无角。参见附录A。

5.2 被毛特征

被毛颜色以白色为主，辫状，部分头、肢（飞节或腕关节以下）有少量黑色或褐色等杂色斑，极少数体杂。被毛异质，由粗毛、两型毛、绒毛等毛纤维组成，富光泽，毛纤维弹性好、强度大，毛辫一般长过腹线，多数羊体躯无死毛或有少量死毛。

5.3 体尺、体重

自然放牧条件下，青海藏羊剪毛后平均体尺、体重见表1。

表1 青海藏羊剪毛后平均体尺、体重

年龄	性别	体高(cm)	体斜长(cm)	胸围(cm)	剪毛后体重(kg)
18月龄	公羊	63.13±4.01	68.29±3.56	84.56±5.21	37.52±6.84
	母羊	62.49±3.11	66.43±3.40	82.59±4.59	31.39±5.40
30月龄(含)以上	公羊	68.47±3.44	75.49±4.37	96.58±3.41	55.96±3.94
	母羊	66.94±3.41	74.64±5.69	91.84±5.32	42.13±5.45

6 生产性能

6.1 产毛性能

被毛粗毛含量约占40%，绒毛含量约占40%，两型毛含量约占20%。净毛率65%以上。30月龄（含）以上公羊平均剪毛量为1.5 kg以上，母羊平均剪毛量为1.0 kg以上；18月龄公羊平均剪毛量为1.0 kg以上，母羊平均剪毛量为0.9 kg以上。

6.2 产肉性能

自然放牧条件下，秋季30月龄（含）以上公羊宰前平均活重为56 kg，母羊宰前平均活重为42 kg，公、母羊屠宰率45%以上。

6.3 繁殖性能

8月龄性成熟，18月龄体成熟，可以开始配种，初产母羊产羔率75%以上，经产母羊产羔率98%以上。

7 品种鉴定

鉴定场地、鉴定时间、鉴定羊只保定、鉴定人员及鉴定工具等按照DB63/T 545.1执行。符合品种特征要求可鉴定为青海藏羊。

8 等级评定

8.1 评定指标

按照剪毛后体重、剪毛量、毛辫长、绒毛长、体型评分、毛色评分、死毛评分共七项指标进行青海藏羊等级评定。

8.2 指标测定与评分

8.2.1 指标测定

8.2.1.1 毛辫长、绒毛长、剪毛量、剪毛后体重等指标按照DB63/T 547.3的规定进行测定。

8.2.1.2 死毛测定应在羊只前躯体侧肩胛后缘10 cm处，纵向直线分开被毛，在10 cm长的毛丛缝隙左侧或右侧数出的死毛的根数。

8.2.2 评分

8.2.2.1 体型评分

按照表2规定执行。

表2 体型评分下限指标

月龄	性别	评分	体尺			体型	备注
			体高(cm)	体斜长(cm)	胸围(cm)		
18月龄	公	3	65	70	90	体格结实,结构匀称,背腰平直,四肢端正	体尺指标全部符合,体型符合
	母	3	60	65	85		
	公	2	60	65	85	体格较结实,结构较匀称,背腰平直,四肢端正	体尺指标全部符合,体型符合
	母	2	55	60	80		
30月龄(含)以上	公	3	70	75	95	体格结实,结构匀称,背腰平直,四肢端正	体尺指标全部符合,体型符合
	母	3	65	70	90		
	公	2	65	70	90	体格较结实,结构较匀称,背腰平直,四肢端正	体尺指标全部符合,体型符合
	母	2	60	65	85		

注:体高、体斜长、胸围按DB63/T 547.3的规定进行测定。

8.2.2.2 毛色评分

执行3分制，分值如下：

——3分：除两眼、鼻、耳、嘴、周围有杂色外，身体其他部位为白色。

——2分：除两眼、鼻、耳、嘴周围有杂色外，头部其他部位或四肢飞节或腕关节以下也有少量杂色，身体其他部位为白色。

——1分：头部、颈部、躯体或四肢大块杂色，整体毛色呈花色。

8.2.2.3 死毛评分

执行3分制，分值如下：

——3分：体躯被毛无死毛；

——2分：体侧无死毛，背部、股部有少量死毛（根数等于或小于2%）；

——1分：体侧有死毛，或背部、股部有大量死毛（根数大于2%）。

8.3 评级

8.3.1 特级

剪毛后体重、毛辫长度超过表3规定的15%以上，其余指标符合表3的规定。

8.3.2 一级

最低评定指标符合表3规定。

表3 一级羊最低评定指标

年龄	性别	剪毛后体重(kg)	毛辫长(cm)	绒毛长(cm)	剪毛量(kg)	体型评分	毛色评分	死毛评分
18月龄	公	36.0	23.0	10.0	1.2	3	3	2
	母	32.0	19.0	9.0	1.0	3	3	2
30月龄(含)以上	公	55	23.0	10.0	1.5	3	3	2
	母	42	19.0	9.0	1.2	3	3	2

8.3.3 二级

最低评定指标达到表4的规定。

表4 二级羊最低评定指标

年龄	性别	剪毛后体重(kg)	毛辫长(cm)	绒毛长(cm)	剪毛量(kg)	体型评分	毛色评分	死毛评分
18月龄	公	32.0	19.0	8.0	0.8	2	2	1
	母	28.0	16.0	7.0	0.8	2	2	1
30月龄(含)上	公	50.0	19.0	8.0	1.2	2	2	1
	母	38.0	16.0	7.0	0.8	2	2	1

8.3.4 三级

凡不符合表4规定的均为三级，三级公羊不能留作种用。

9 记录

等级评定应按照附录B的规定进行记录。

附 录 A
（资料性）
青海藏羊体型外貌特征照片

青海藏羊公羊侧面照片见图 A.1，青海藏羊母羊侧面照片见图 A.2 。

图 A.1 青海藏羊公羊侧面照片

图 A.2 青海藏羊母羊侧面照片

附 录 B
（规范性）
青海藏羊等级评定记录表

青海藏羊等级评定按表B.1规定进行记录。

表B.1 青海藏羊等级评定记录表

序号	耳号	性别	年龄	体高（cm）	体斜长（cm）	胸围（cm）	毛辫长度（cm）	绒毛长度（cm）	体型评分	毛色评分	死毛评分	剪毛量（kg）	剪毛后体重（kg）	初评等级	核定等级	备 注

ICS 65.020.30
CCS B 43
备案号:86563—2022

DB63

青　海　省　地　方　标　准

DB63/T 432—2021
代替DB63/T 432—2003

欧拉羊

2021-12-25发布　　2022-02-01实施

青海省市场监督管理局　发布

前　言

本文件按照GB/T 1.1—2020《标准化工作导则　第1部分：标准化文件的结构和起草规则》的规定起草。

本文件代替DB63/T 432—2003《欧拉羊》，与DB63/T 432—2003相比，除结构性调整和编辑性改动外，主要技术变化如下：

——删除了“术语和定义”中的相关内容（见2003年版的第3章）；

——增加了“品种来源及分布”相关内容（见第4章）；

——更改了品种特征描述（见第5章，2003年版的5.1.1和5.1.2）；

——增加了“体尺体重”相关内容（见6.1）；

——更改了“产肉性能”“产毛性能”“繁殖性能”相关生产性能（见6.2、6.3、6.4，2003年版的5.2）；

——更改了“性能测定”的相关技术内容（见第7章，2003年版的第4章）；

——更改了“等级评定”的相关内容（见第8章，2003年版的5.3）；

——增加了“档案管理”的相关内容（见第9章）；

——增加了体型外貌特征的相关附录（见附录A）。

本文件由青海省农业农村厅提出并归口。

本文件起草单位：青海省畜牧总站。

本文件主要起草人：周佰成、韩学平、付弘赟、张亚君、郭继军、艾德强、官却扎西、李浩、陈永伟、卫世腾、张连芳、徐可、杜雪燕、洛藏旦增、许威、张积英、李永钦。

本文件的历次版本发布情况为：

——DB63/T 432—2003。

本文件由青海省农业农村厅监督实施。

欧拉羊

1 范围

本文件规定了欧拉羊的品种来源及分布、品种特征、生产性能、性能测定、等级评定和档案管理等内容。

本文件适用于欧拉羊的品种鉴定和等级评定。

2 规范性引用文件

下列文件中的内容通过文中的规范性引用而构成本文件必不可少的条款。其中，注日期的引用文件，仅该日期对应的版本适用于本文件；不注日期的引用文件，其最新版本（包括所有的修改单）适用于本文件。

NY/T 1236 绵、山羊生产性能测定技术规范

3 术语和定义

本文件中没有需要界定的术语和定义。

4 品种来源及分布

欧拉羊原属藏系绵羊类型之一，经长期自然和人工选育形成的耐高寒地方品种资源，2018年通过国家畜禽遗传资源委员会审定并列入《国家畜禽遗传资源名录》。欧拉羊在青海省内主要分布于黄南州河南县、泽库县、果洛州久治县、玛沁县和海南州同德县的部分地区。中心产区为黄南州河南县。

5 品种特征

5.1 外貌特征

欧拉羊头稍长，呈锐三角形，鼻梁隆起；体格结实，肢高体大，背腰宽平，后躯发育好，短瘦尾，呈扁锥形；公、母羊绝大多数都有角，公羊角粗大，角形呈螺旋状向外弯曲伸展，尖端向外，母羊角较小，向外弯曲伸展，个别的无角。外貌特征参见附录A。

5.2 被毛特征

被毛异质，毛纤维短粗而稀，无毛辫，干死毛含量高；头、颈肩、前胸、腹部、四肢及臀部被毛多为黄（黑）褐色斑块，体躯背部及体侧被毛以白色为主。公羊前胸生较长黄褐色粗毛，母羊不明显。

6 生产性能

6.1 体尺体重

天然草场放牧条件下，成年公、母羊体高为79.66 cm±5.76 cm和74.13 cm±3.75 cm，体斜长为82.03 cm±6.80 cm和77.61 cm±6.03 cm，胸围为108.05 cm±7.91 cm和101.41 cm±6.82 cm，体重为80.07 kg±9.37 kg和65.43 kg±7.14 kg。

6.2 产肉性能

天然草场放牧条件下，18月龄公羊宰前平均活重57.1 kg，胴体重29.7 kg，屠宰率52.5%；18月龄母羊宰前平均活重49.2 kg，胴体重25.0 kg，屠宰率50.8%。

6.3 产毛性能

欧拉羊正常有髓毛含量低，毛品质差，毛纺利用价值小。每年7月剪毛，成年公羊平均剪毛量为1.0 kg，成年母羊平均剪毛量为0.85 kg。

6.4 繁殖性能

天然草场放牧条件下，公、母羊6月龄达性成熟，公羊1.5岁参加配种；母羊1.5岁初配投产，一年一胎，一胎一羔，双羔极少，7月～8月为发情旺季，发情周期16 d～18 d，发情持续期1 d～2 d，妊娠期150 d左右。经产母羊受胎率95%以上，羔羊成活率90%以上，繁活率85%以上。

7 性能测定

性能测定按照NY/T 1236的规定执行。

8 等级评定

8.1 评定时间

每年6月～7月剪毛前进行等级评定。

8.2 评定规则

8.2.1 品种特征符合第4章规定，生殖器官发育正常，无生理和遗传缺陷，健康状况良好。凡有一项不符合者不予评定。

8.2.2 初生、6月龄在等级评定时不评定特级。

8.2.3 各级羊评定时，有一项指标低于相应评定标准则降低评定等级。

8.3 评定标准

8.3.1 特级、一级羊评定标准

各项生产性能指标均符合表1评定为一级。在一级羊中，其体高、体重指标有一项超过一级羊标准10%可评定为特级。

表1 欧拉羊一级评定标准（最低标准）

年龄	性别	体高(cm)	体斜长(cm)	胸围(cm)	体重(kg)
6月龄	公	60	62	72	30
	母	56	58	70	25
18月龄	公	68	70	80	50
	母	63	65	75	40
30月龄及以上	公	70	74	95	70
	母	65	70	90	55

8.3.2 二级羊评定标准

各项生产性能指标均符合表2评定为二级。

表2 欧拉羊二级评定标准（最低标准）

年龄	性别	体高(cm)	体斜长(cm)	胸围(cm)	体重(kg)
6月龄	公	54	55	65	25
	母	50	52	60	20
18月龄	公	60	63	70	45
	母	55	58	65	35
30月龄及以上	公	63	65	85	60
	母	58	60	80	50

8.3.3 三级羊评定标准

各项生产性能指标均符合表3评定为三级，三级公羊不留作种用。

表3 欧拉羊三级评定标准（最低标准）

年龄	性别	体高(cm)	体斜长(cm)	胸围(cm)	体重(kg)
6月龄	公	48	50	60	20
	母	45	46	55	18
18月龄	公	55	56	65	35
	母	50	52	60	30
30月龄及以上	公	56	60	70	50
	母	52	55	65	40

8.3.4 等外羊评定标准

凡生产性能指标低于三级羊评定标准的个体，均列为等外。

9 档案管理

9.1 生产性能现场测定及鉴定记录格式按照附录 B 执行。

9.2 现场测定登记表格要记录完整，并装订成册保存。

附 录 A
（资料性）
欧拉羊体型外貌特征照片

欧拉羊体型外貌特征见图 A.1。

a)公羊(侧面)

b)母羊(侧面)

图 A.1 欧拉羊体型外貌特征

附　录　B
（规范性）
欧拉羊生产性能测定登记表

表B.1给出了欧拉羊生产性能测定登记表。

表B.1　欧拉羊生产性能测定登记表

________县________乡（镇）________村

序号	耳号	性别	年龄	毛色	体格大小	体高（cm）	体长（cm）	胸围（cm）	管围（cm）	剪毛量（kg）	体重（kg）	评定等级	备注

鉴定人：　　　　　　　　　　记录人：　　　　　　年　　　月　　　日

ICS 65.020.30
CCS B 43
备案号:86564—2022

DB63

青　海　省　地　方　标　准

DB63/T 547.1—2021
代替DB43/ 547.1—2005

青海藏羊饲养管理技术规范

2021-12-25发布　　2022-02-01实施

青海省市场监督管理局　发布

前 言

本文件按照GB/T 1.1—2020《标准化工作导则 第1部分：标准化文件的结构和起草规则》的规定起草。

本文件代替DB63/T 547.1—2005《青海藏羊饲养管理技术规范》，与DB63/T 547.1—2005相比，除结构性调整和编辑性改动外，主要技术变化如下：

——更改了“规范性引用文件”的相关内容（见第2章，2005年版的第2章）；

——更改了“术语和定义”的相关内容（见第3章，2005年版的第3章）；

——更改了“饲养环境要求”的相关内容（见4.1，2005年版的4.1）；更改了“选址”的要求（见4.2.1，2005年版的4.2）；删除了“羊场废弃物处理”的规定（见2005年版的4.2），增加了“养殖区布局”的规定（见4.2.2）和“配套设施与设备”的规定（见4.3）；

——增加了“饲草料及添加剂”的有关规定（见第5章）；

——删除了“附录A”（见2005年版的附录A），将相关内容调整到“管理技术”中（见第6章，2005年版的附录A）；

——增加了“引种与组群”（见6.1）；删除了“整群”（见2005年版的A.1）、“鉴定”（见2005年版的A.2）、“编号”（见2005年版的A.3）、“去势和留种”（见2005年版的A.4）、“驱虫和药浴”（见2005年版的A.5）；

——更改了“四季放牧”管理技术规定（见6.2.2，2005年版的B.2.2）；增加了“轮牧”（见6.2.1）；

——更改了“补饲”技术的规定（见6.3，2005年版的B.2.3）；

——增加了“繁育”技术规定（见6.4）；增加了“接羔育幼”技术规定（见6.7）；增加了“出栏和出售”技术规定（见6.8）；

——更改了“剪毛”的技术要求（见6.7，2005年版的A.6）；

——删除了“附录B”（见2005年版的附录B），将相关内容调整到“饲养技术”中（见第7章）；

——更改了“种公羊的饲养”技术规定（见7.1，2005年版的B.1.1）；

——更改了“繁殖母羊的饲养”技术规定（见7.2，2005年版的B.1.2）；

——更改了“育成羊的饲养”技术规定（见7.3，2005年版的B.1.3）；

——更改了“羔羊的饲养”技术规定（见7.4，2005年版的B.1.4）；

——删除了“育肥技术”（见2005年版的B.2.4）；

——更改了“疫病防治”技术规定内容（见第8章，2005年版的第6章）；

——增加了“废弃物处理”技术内容（见第9章）；

——更改了“出售和运输”检疫技术及要求的规定（见10.1，2005年版的7.3）；

——更改了“资料记录”的相关规定（见第11章，2005年版的第8章）。

本文件由青海省农业农村厅提出并归口。

本文件起草单位：青海省畜牧总站。

本文件主要起草人：张莲芳、郭继军、韩学平、马进寿、官却扎西、艾德强、卫世腾、李浩、洛藏旦增、周佰成、张亚君、李积林、许威、陈永伟、张积英、补海平、王小哲、余玮、杨晓斌、陈永祥。

本文件历次版本的发布情况为：

——2005年首次发布为DB63/T 547.1—2005；

——本次为第一次修订。

本文件由青海省农业农村厅监督实施。

青海藏羊饲养管理技术规范

1 范围

本文件规定了青海藏羊饲养管理的饲养环境要求、饲草料及添加剂、管理技术、饲养技术、疫病防治、废弃物处理、出售和运输、资料记录。

本文件适用于以放牧为主的青海藏羊的饲养管理。

2 规范性引用文件

下列文件中的内容通过文中的规范性引用而构成本文件必不可少的条款。其中，注日期的引用文件，仅该日期对应的版本适用于本文件；不注日期的引用文件，其最新版本（包括所有的修改单）适用于本文件。

GB/T 9998 西宁毛

GB/T 19526 羊寄生虫病防治技术规范

HJ 568 畜禽养殖产地环境评价规范

NY/T 471 绿色食品饲料及饲料添加剂使用准则

NY/T 472 绿色食品兽药使用准则

NY/T 1343 草原划区轮牧技术规程

NY/T 1904 饲草产品质量安全生产技术规范

NY/T 5151—2002 无公害食品肉羊饲养管理准则

DB63/T 039 青海藏羊

DB63/T 547.2 青海藏羊繁育技术

DB63/T 705 高寒牧区藏羊冷季补饲育肥技术规程

DB63/T 1652 病害动物及病害动物产品无害化处理技术规程

DB63/T 1877 青海藏羊两年三胎繁殖调控技术规范

3 术语和定义

下列术语和定义适用于本文件。

3.1 青海藏羊

是“西藏羊”的组成部分，属于青海省原始粗毛羊品种，主要分布在海北藏族自治州、海西蒙古族藏族自治州、海南藏族自治州、玉树藏族自治州、果洛藏族自治州全境，黄南藏族自治州、海东市、西宁市也有少量分布。品种特征和生产性能应符合DB63/T 039的规定。

3.2 组群

按照羊只的性别、年龄、生产性能等条件合理组织羊群的过程。

3.3 初乳

母羊分娩后7 d内，特别是分娩后3 d内分泌的乳汁。

3.4 废弃物

主要包括养羊过程中产生的粪、尿、尸体及相关组织、垫料、过期兽药、残余疫苗、一次性使用的畜牧兽医器械及包装物和污水等。

4 饲养环境要求

4.1 饲养环境

应符合HJ 568的规定。

4.2 羊舍选址和布局

4.2.1 选址

宜选择在地势高，干燥、开阔、平坦、背风向阳，水电路通信便利，饲草料来源方便，资源充足的地方。规模化养殖企业选址应符合相关法律法规等规定。

4.2.2 养殖区布局

生活管理区、生产区、生产辅助区、粪污及无害化处理区布局见《动物防疫条件审查办法》。

4.3 配套设施与设备

具有与生产规模相配套的棚圈、饲草料加工和贮存、饲喂、饮水、消毒、药浴、废弃物处理等畜牧设施设备。

5 饲草料及添加剂

5.1 饲草

应符合 NY/T 1904 的规定。

5.2 饲料及饲料添加剂

应符合 NY/T 471 的规定。

6 管理技术

6.1 引种与组群

6.1.1 引种

应从经过检疫并持有合格证明的非疫区引进；种羊应从具有种畜生产资质的种羊场引入，并按相关检疫隔离程序做好疫病防控。

6.1.2 组群

根据养殖规模、设施条件、生产需要、草场条件、羊的生长阶段合理组织羊群。羊群应分为：

——种公羊群；

——繁殖母羊群：分为空怀期母羊群、妊娠母羊群和哺乳母羊群；

——育成羊群：分为育成母羊群和育成公羊群；

——淘汰羊群。

6.2 放牧

6.2.1 轮牧

按照NY/T 1343的规定进行季节性轮牧和划区轮牧。种公羊和繁殖母羊要留有较好的牧地，育成羊也要留出专用牧地，圈舍附近的牧地留给冬季哺乳母羊和羔羊。

6.2.2 四季放牧

6.2.2.1 春季放牧

出牧宜迟，归牧宜早，有天气变坏预兆时，及早赶羊到羊圈附近或山谷地区放牧，照料好即将分娩的母羊。初春放牧应控制好羊群，挡住强羊，看好弱羊，防止羊只啃青和跑青现象。

6.2.2.2 夏季放牧

出牧宜早，归牧宜迟，中午宜选择在干燥凉爽的地方让羊群卧憩。上午放阳坡、下午放阴坡。小雨可正常放牧，大雨应迅速避开河槽和沟底，将羊群赶到较高地带，分散站立。

6.2.2.3 秋季放牧

早秋无霜时应早出晚归，晚秋有霜时晚出晚归，选择草高、草密的沟坡附近放牧，有条件的地区茬地放牧。

6.2.2.4 冬季放牧

宜选择背风向阳、地势较低的丘陵、山沟和底地放牧。冬季积雪较厚时，不出牧。

6.3 补饲

对妊娠母羊、哺乳母羊、配种期的种公羊、羔羊、体质弱的羊应适当补饲，冷季补饲按照DB63/T 705执行。

6.4 繁育

自然繁育按照DB63/T 547.2的规定执行；两年三胎繁育按照DB63/T 1877的规定执行。

6.5 接羔育幼

6.5.1 产羔圈舍提前做好卫生消毒工作，对难产、早产母羊进行人工助产。羔羊出生后断脐消毒，及时清理羔羊口腔、鼻腔、耳内的黏液，做好防寒保暖。

6.5.2 对体质弱、难以吃到奶的羔羊，人工协助哺乳。母羊母性不强，有病、死亡、无奶或奶水不足时，应寻找保姆羊或人工代乳。

6.6 出栏和出售

非种用的羔羊、淘汰公母羊进行育肥后出栏或直接出售。

6.7 剪毛

6.7.1 每年6月～7月剪毛一次。剪毛前应对剪毛场所进行清扫、消毒，选择天气晴朗的日子剪毛，剪毛动作要快，翻羊要轻，遇皮肤剪破要及时消毒。

6.7.2 剪下的套毛应保持完整，白毛不与有色毛混合，羊毛分级与打包按照GB/T 9998的规定执行。

7 饲养技术

7.1 种公羊的饲养

非配种季节以放牧为主，配种前一个月每天补饲精料0.25 kg，青干草2.0 kg。配种开始后，每天补饲精料0.5 kg，青干草2.0 kg，保证矿物质和维生素的补充，充足饮水，适量的运动。配种后期应视公羊体况减少精饲料的补饲量。

7.2 繁殖母羊的饲养

7.2.1 空怀期母羊

夏季放牧青草充足时不补饲，冬季应适量补饲。

7.2.2 妊娠前期母羊

在妊娠期的前3个月，放牧为主，视母羊体况适量补饲，保持中等膘情。避免吃霜草或霉烂饲料，不使羊受惊猛跑，不饮冰碴水。

7.2.3 妊娠后期母羊

在妊娠后期的 2 个月，放牧补饲饲养。每天补饲精料 0.1 kg、青干草 0.5 kg；注意保胎、保暖，羊舍保持干燥、通风良好。

7.2.4 哺乳期母羊

放牧补饲饲养。每天补饲青干草 0.25 kg，精料 0.25 kg；放牧距离由近到远，保持圈舍清洁、干燥。

7.3 育成羊的饲养

以放牧为主，在冷季和青草不足时，进行适量补饲，每天补饲青干草 1 kg～2 kg，精料 0.2 kg ～0.3 kg。

7.4 羔羊的饲养

7.4.1 出生后 1 小时内应吃到初乳。
7.4.2 羔羊随母羊放牧饲养，15 日龄调教羔羊开食，20 日龄开始补饲羔羊精料补充料。
7.4.3 羔羊断奶时间为 2 月龄～4 月龄，采食正常、体质好的羔羊分批断奶，断奶后加强饲养管理，供给充足干草和羔羊精料补充料。

8 疫病防治

8.1 日常消毒

羊舍、器具、运输车辆、周围环境和进出人员等的消毒按 NY/T 5151—2002 第 7 章的规定执行。

8.2 传染病控制

发生传染病或疑似传染病时，迅速采取隔离控制措施，并上报当地行业主管部门，由行业主管部门指派专业人员治疗或处理，不得私自弃置、藏匿、转移、出售、屠宰。

8.3 免疫

按照动物疫病强制免疫计划和当地疫病流行特点，合理制定免疫接种程序，由专业人员实施强制免疫和计划免疫，对羊加施免疫标识，免疫要求见《中华人民共和国动物防疫法》。

8.4 驱虫

按照 GB/T 19526 的规定执行。

8.5 兽药使用

按照 NY/T 472 的规定执行。

9 废弃物处理

9.1 羊粪按照资源化利用的原则处理。

9.2 病死羊及其产品的处理与处置应符合 DB63/T 1652 的规定。

9.3 一次性使用的畜牧兽医器械及包装物、过期兽药、残余疫苗等垃圾分类存放，回收到指定处理中心进行无害化处理。

10 运输和出售

10.1 运输或出售前，应向所在地动物卫生监督机构申报检疫，持有检疫合格证明后方可运输或出售。

10.2 装车前车辆消毒，车厢铺设垫料，运输途中防止挤伤、跌伤，应做到快、勤、稳。

11 资料记录

主要包括引进、配种、产羔、断奶、转群、生产性能、饲草料来源、日粮配方、各种添加剂使用、销售记录、疫病防治、病死羊处理和粪污资源化利用记录等，资料记录应准确、可靠、完整。规模化养殖企业资料记录至少保存10年，其中种羊的资料记录应长期保存。

参考文献

[1] 动物防疫条件审查办法（农业部令2010年第7号）
[2] 中华人民共和国动物防疫法（中华人民共和国主席令第69号）

ICS 65.020.30
CCS B 44
备案号:18173—2006

DB63

青 海 省 地 方 标 准

DB63/T 548.1—2005

青海高原毛肉兼用半细毛羊饲养管理技术规程

Technical regulation on The Qinghai Plateau Wool and Meat Oriented Semi-fine Wool Sheep feeding and management

2005-09-30发布 2005-11-01实施

青海省质量技术监督局 发布

前 言

为了规范青海半细毛羊饲养管理，提高饲养管理水平，在总结青海省特殊环境条件下的饲料和饲养水平的基础上，对饲养技术和检验方法等进行了分析，并对防疫要求、运输等进行了规范，制定出了符合青海半细毛羊饲养管理的技术规程。

本标准的附录A、附录B为规范性附录。

本标准由青海省农牧厅提出。

本标准起草单位：青海省畜牧兽医总站。

本标准主要起草人：艾德强、范涛、焦小鹿、刘海珍。

青海高原毛肉兼用半细毛羊
饲养管理技术规程

1 范围

本标准规定青海半细毛羊饲养管理中的术语和定义、饲养环境要求、饲养管理、疫病防治技术等要求。

本标准适用于青海半细毛羊生产种羊场和养羊户的饲养管理。

2 规范性引用文件

下列文件中的条款通过本标准的引用而成为本标准的条款。凡是注日期的引用文件，其随后所有的修改单（不包括勘误的内容）或修订版均不适用于本标准，然而，鼓励根据本标准达成协议的各方研究是否可使用这些文件的最新版本。凡是不注日期的引用文件，其最新版本适用于本标准。

GB/T 16549　畜禽产地检疫规范

GB/T 18596　畜禽养殖污染物排放标准

GB/T 18407.3　农产品安全质量　无公害畜禽肉产地环境要求

GB/T 7959　粪便无害化卫生标准。

GB/T 8978　污水综合排放标准。

NY/T 388　畜禽场环境质量标准

DB63/T 435　牛羊规模饲养防疫技术

《中华人民共和国动物防疫法》

《种畜禽管理条例（国务院153号令）》

《饲料和饲料添加剂管理条例》

3 术语和定义

3.1 半细毛羊　semi-fine wool

由同一种纤维类型的两型毛或较粗的无髓毛组成，细度25.1 μm～55.0 μm或品质支数36支～58支。

3.2 羊场废弃物　farm waste

主要包括羊粪、尿、尸体及相关组织、垫料、过期兽药、残余疫苗、一次性使用的畜牧兽医器械及包装物和污水。

4 饲养环境要求

4.1 饲养环境

羊场应具有良好的小气候条件，有利于羊舍内空气环境的控制。选择交通便利、地势高、向阳避风的平地或稍有坡度的居民点下风处。周围无有害气体、烟雾及其他污染源，没有化工厂、屠宰场等容易造成污染的企业，环境空气要求及质量检测按GB/T 18407.3规定执行。

4.2 水源要求

羊场水源充足、水质良好，饮用水必须符合国家饮用水的水质标准，饮用水指标及检测按GB/T 18407.3的规定执行。

4.3 污染物要求

粪便处理后应符合GB/T 7959的规定；生产废水排放应符合GB/T 8978的有关规定。

4.4 羊舍要求

4.4.1 羊舍地址选择

应选择地势高燥开阔、避风向阳、水源方便、供电条件便利、通风及排水良好的地方。

4.4.2 羊舍面积

羊舍面积大小，要根据羊数量、饲养方式和当地气候条件而定。面积过小，羊只过于拥挤，环境质量差，不利于羊只生长发育。各类羊每只所需羊舍面积见下表。

表1 各类羊每只所需羊舍面积

羊别	面积(m^2/只)	羊别	面积(m^2/只)
种公羊(独栏)	4～6	育成公羊	0.7～0.9
群养公羊	1.5～2.0	育成母羊	0.7～0.8
春季产羔母羊	1.2～1.4	去势羔羊	0.6～0.8
冬季产羔母羊	1.6～2.0	育肥羯羊、淘汰羊	0.7～0.8

注：产羔室面积按基础母羊群羊舍的20%～25%计算。

4.4.3 有毒有害气体

羊舍空气中有毒有害气体含量应符合NY/T 388的规定，羊场废弃物处理符合GB/T 18596的规定。

5 饲养管理

5.1 放牧及补饲技术

按规范性附录A进行。

5.2 日常管理

按规范性附录B进行。

6 疫病防治技术

青海半细毛羊疫病防治技术按照DB63/T 435执行。

7 出售和运输

7.1 不应出售病羊、死羊。

7.2 运输车辆在运输前和使用后应用消毒液彻底消毒。

7.3 青海半细毛羊运输前，应经动物防疫监督机构根据GB/T 16549及国家有关规定进行检疫，并出具检疫证明合格者方可出售或屠宰。

8 资料记录

8.1 资料记录应准确、可靠、完整。

8.2 记录主要包括引进、配种、产羔、断奶、转群、生产性能、系谱记录、饲草料来源、日粮配方及各种添加剂使用和疫病防治、销售记录等。

附　录　A
（规范性附录）
放牧及补饲饲养技术

A.1　放牧饲养技术

A.1.1　羊群的组织

根据当地生态条件特点、草场面积大小、草场质量以及生产和科研的特点组织羊群。羊群可分为公羊群、母羊群、育成公羊群、育成母羊群、羔羊群（按性别分别组群）、羯羊（阉羊）群等。在羊的育种工作中，还可以根据选育性状组建核心育种群。

A.1.2　四季草场的放牧要求

选择放牧地应根据放牧对象、生产方式及生产水平综合考虑。

A.1.2.1　春季草场

放牧时出牧宜迟，归牧宜早，中午可不回圈，使羊只多吃些草，以便羊只及早恢复体力，为以后放牧抓膘创造条件。为防羊只因“抢青”而引起的腹泻，由冬草场进入春草场应逐渐过渡，等羊只消化器官适应后，再充分放牧青草。

A.1.2.2　夏季草场

应到高山牧场放牧，尽量延长放牧时间，宜早出晚归，使羊群尽可能吃饱，中午可不回圈，但在最热的时候，可选择干燥凉爽的地方或在树荫下，让羊群卧憩。

A.1.2.3　秋季草场

羊群宜晚出晚归，中午继续放牧，选择牧草丰盛的山腰和山脚地带放牧，可尽量利用较远的牧地，抓好秋膘，利于越冬。在农区或半农半牧区，羊群还可到收过庄稼的茬地放牧，对羊群营养有较大补益。

A.1.2.4　冬季草场

应选择地势较低和山峦环抱的向阳平滩地区去放牧。冬季放牧不宜过远，以便遇到天气骤变时能很快返场，保证羊群的安全。冬季放牧的任务是保膘、保胎和安全生产。牧区冬季很长，草场不足，应节约用放牧地。应先远后近，先阴后阳，先高后低，先沟后平，晚出晚归，慢走慢游。由放牧转为补饲，不可骤然改变，以免引起便秘。羊群进入冬季草场前，最好进行整群，除老弱羊和营养太差的适当淘汰外，其余按营养状况组群放牧。

A.1.3 放牧方式

放牧方式应根据当地的条件，采取适当的方式。

A.1.3.1 自由放牧

可大面积地利用草地，按照“春洼、夏岗、秋平、冬暖”的原则选择牧场，但对牧草的总体利用率较低。

A.1.3.2 围栏放牧

利用围栏或栅栏把羊群限制在一定范围内采食，减少羊群的运动量。围栏放牧一般在草场上设有饮水、补饲和敞棚等设施，也可在围栏边缘较好的地块种植牧草或玉米等。

A.1.3.3 分区轮牧

是把草场分成若干小块或小区，按羊只的用途和草场状况，供羊群轮回放牧，逐区采食，并保持经常有一个或几个小区的牧草休养生息。在羊只安排上，一般应保证羔羊和母羊吃到好草，羯羊吃较差的草，每一区的放牧日最多不超过2周～3周；每小区再次放牧的间隔时间称放牧周期。周期长短取决于再生草的速度。

A.1.4 放队队形

放牧队形是在放牧过程中控制羊群的方式。放牧队形的运用，在于有效控制羊群采食、游走和卧息时间，以便有效地利用牧场。基本队形有“一条鞭”和“满天星”两种形式。

A.1.4.1 一条鞭形：一条鞭形较适用于平坦地区和植被均匀的牧地。把羊群排成大致的“一”字形横队，牧工在横队前面左右走动并缓步后退，挡住强羊不让游走过快，使整个羊群成横排齐头并进。当大部分羊吃饱后，就会出现卧息趋势，此时牧工也停止走动，羊群卧息一会儿再继续放牧。

A.1.4.2 满天星形：满天星形适用于牧草特别丰盛的丘陵牧地，让羊群比较均匀地散布在一定范围内自由采食，牧工在周围控制羊群。散布面积的大小，要根据羊群的大小和植被密度而定。

A.2 补饲饲养技术

A.2.1 补饲饲料的种类

包括粗饲料、精饲料、青贮饲料、多汁饲料、矿物质及微量元素。可供养羊的粗饲料有各种干草、农作物秸秆、各种树叶等。精饲料有玉米、豆类及饼类、麸糠类。

A.2.2 种公羊补饲饲养管理

A.2.2.1 非配种期

每只每日补给精料0.5 kg，冬春季除放牧不少于6 h外，还要补喂青干草3 kg，胡萝卜0.5 kg，食盐5 g～10 g，夏秋季节放牧10 h以上，喂给少量的精料，以保持公羊的良好种用体况，每日喂3次～4

次，饮水1次～2次，并保持适当的运动。

A.2.2.2　配种预备期

指配种前1个月～1.5个月。这段时期要提高种公羊的营养水平，精料喂量先按配种期的60%～70%供给，然后逐步增加到配种期的饲养标准。

A.2.2.3　配种期

体重在80 kg～90 kg的种公羊每日饲料定额如下：混合精料1.2 kg～1.4 kg，苜蓿干草或野干草2 kg，胡萝卜0.5 kg～1.5 kg，食盐15 g～20 g。分2次～3次给草料，饮水3次～4次。每日放牧或运动时间约6 h。对于配种任务繁重的优秀种公羊，每天应补饲1.5 kg～2.0 kg的混合精料，增加2个～3个鸡蛋或1.0 kg脱脂奶等动物性饲料。配种期种公羊的饲养管理要做到认真、细致，要经常观察羊的采食、饮水、运动及粪、尿排泄等情况；保持饲料、饮水的清洁卫生。如有剩料应及时清除，减少饲料的污染和浪费，青草或干草要放入草架饲喂。

A.2.2.4　配种后期

指配种后1个月，这段时期以恢复体力和增膘为目的。开始时，精料喂量不减，经过一段时间再适量减少精料，逐渐过渡到非配种期饲养水平。

A.2.3　母羊的补饲饲养技术

母羊根据生理状态一般可分为空怀期、妊娠期和哺乳期。舍饲母羊饲粮中饲草和精料比以7：3为宜。

A.2.3.1　空怀期

空怀期是从羔羊断奶到配种受胎时段。空怀期要对母羊抓膘复壮，以放牧为主。钙的摄食量应适当限制，喂给母羊的风干饲料应为体重的2.5%。

A.2.3.2　怀孕前期

母羊在怀孕期的前3个月内，胎儿发育较慢，所需养分不太多，对放牧羊群，除放牧外，视牧场情况而做少量补饲。要求母羊保持良好的膘度。管理上要避免吃霜草或霉烂饲料；不使羊受惊猛跑；不饮冰碴水。

A.2.3.3　怀孕后期

在母羊怀孕后期必须加强补饲，先补青贮饲料和干草，每天1.5 kg～2.0 kg，精料0.2 kg～0.3 kg。能量水平不宜过高，不要把母羊养得过肥，以免对胎儿造成不良影响。要注意保胎，出牧、归牧、饮水、补饲都要慢而稳，防止拥挤、滑跌，严防跳崖、跑沟，最好在较平坦的牧场上放牧。羊舍要保持温暖、干燥、通风良好。

A.2.3.4 哺乳期

一般为90 d～120 d。母羊在产后4周～6周应增加精料补饲量，单羔母羊每只每天补精料0.2 kg，青贮饲料1 kg～1.5 kg，豆科干草0.5 kg～1.0 kg，胡萝卜0.2 kg～0.5 kg。产双羔精料增加到0.3 kg～0.4 kg，多喂多汁饲料。放牧时间由短到长，距离由近到远，经常保持圈舍清洁、干燥。在泌乳后期的60 d中，母羊的泌乳能力逐渐下降。即使增加补饲量也难以达到泌乳前期的产乳量。羔羊在此时已开始采食青草和饲料，对母乳的依赖程度减小。从3月龄起，母乳只能满足羔羊营养的5%～10%。此时，对母羊可取消补饲，转为完全放牧吃青。在羔羊断奶的前一周，要减少母羊的多汁料、青贮料和精料喂量，以防发生乳腺炎。

A.3 羔羊的培育技术

羔羊因体质较弱，抵抗力差、易发病。所以，搞好羔羊的护理工作是提高羔羊成活率的关键。

A.3.1 初生羔羊的培育

A.3.1.1 初乳

尽早吃好、吃饱初乳。母羊产后3 d～5 d内分泌的乳，奶质黏稠、营养丰富，称为初乳。初乳容易被羔羊消化吸收，是任何食物或人工乳不能代替的食料。初生羔羊在生后半小时以前应该保证吃到初乳，因此，羔羊生后能自行站立时，即应人工辅助其吃到初乳，羔羊分娩后3 d～7 d的母羊可以外出放牧。

A.3.1.2 人工哺乳

加强对缺奶羔羊的补饲。对多羔母羊或泌乳量少的母羊，其乳汁不能满足羊羔的需要，应适当补饲。一般宜用牛奶或人工奶，在补饲时应严格掌握温度、喂量、次数、时间及卫生消毒。

A.3.1.3 保温

舍内应阳光充足，保温、干燥。

A.3.2 哺乳羔羊的培育

A.3.2.1 尽早补饲

羔羊生后14 d即可训练吃草料，30 d以内羔羊每天每只补饲精料50 g～100 g，1月龄～2月龄补饲精料150 g，日喂2次。3月龄～4月龄补饲精料200 g，日喂2次～3次。饲料种类应多样化，最好有豆饼、玉米、麸皮等3种以上混合，并可混入2%食盐和2.5%～3%的矿物质，另外补喂优质干草和多汁饲料。

A.3.2.2 早运动

羔羊生后1周以上，天气晴朗无风时，自由活动，20日龄时，天气暖和应适当放牧。

A.3.3 断奶羔羊培育

一般3月龄～4月龄断奶。

羔羊断奶后，必须加强补饲，给予足够的青贮、胡萝卜等饲料。断奶后1个月内增喂精饲料，分多次喂给。羔羊断奶后按品种、月龄、体格大小、体质、性别组群，不与成年羊混群，对于体弱羊只多补一些草料。

A.3.4 公羔的选育

公羔的选育对补充种公羊，巩固、改进及提高羊群品质非常重要，选育的技术措施主要有：

特一级母羊所生的羔羊经初生鉴定，选择初生重大、体质结实、发育良好、毛质理想的公羔，连同母羊一起组成选育群，专门饲养。

断奶鉴定后，再选留30只～50只作为公羔选育群，在良好的饲养管理条件下继续培育。到1.0岁～1.5岁时进行后裔测验，从中选择优良公羔进行培育。

圈舍卫生

应严格执行消毒隔离制度。羔羊出生7 d～10 d后，羔羊痢疾增多，主要原因是圈舍肮脏，潮湿拥挤，污染严重。这一时期要深入检查，包括检查羔羊的食欲、精神状态及粪便，做到有病及时治疗。对羊舍及周围环境要严格消毒，对病羔隔离，对死羔及其污染物及时处理掉，控制传染源。

A.4 育成羊的饲养管理技术

育成羊是从断奶到第一次配种的公、母羊。年龄一般为5月龄～18月龄。

A.4.1 适当的精料营养水平

育成羊阶段仍需注意精料量，有优良豆科干草时，日粮中精料的粗蛋白质含量提高到15%或16%，混合精料中的能量水平占总日粮能量的70%左右为宜。每天喂混合精料以0.4 kg为宜，同时还需要注意矿物质，如钙、磷和食盐的补给。育成公羊由于生长发育比育成母羊快，所以精料需要量多于育成母羊。

A.4.2 合理的饲喂方法和饲养方式

饲料类型对育成羊的体型和生长发育影响很大，优良的干草、充足的运动是培育育成羊的关键。给育成羊饲喂大量而优质的干草，不仅有利于促进消化器官的充分发育，而且培育的羊体格高大，乳房发育明显，产奶多。充足的阳光照射和得到充分的运动可使其体壮胸宽，心肺发达，食欲旺盛，采食多。只要有优质饲料，可以少给或不给精料，精料过多而运动不足，容易肥胖，早熟早衰，利用年限短。

A.4.3 适时配种

一般育成母羊在满8月龄～10月龄，体重达到40 kg或达到成年体重的65%以上时配种。育成母羊不如成年母羊发情明显和规律，所以要加强发情鉴定，以免漏配。8月龄前的公羊一般不要采精或配种，须在12月龄以后，体重达60 kg以上时再参加配种。

A.5 育肥技术

A.5.1 放牧育肥

放牧育肥是利用天然草场、人工草场或秋茬地放牧。大羊包括淘汰的公、母种羊，两年未孕不能繁殖的空怀母羊和有乳腺炎的母羊，放牧在禾本科牧草较多的草场。羔羊主要指断奶后的非后备公羔羊，适宜在以豆科牧草为主的草场放牧。

成年放牧育肥时，日采食量可达7 kg～8 kg，平均日增重100 kg～200 g。放牧肥育羊要按年龄和公母分群，必要时按膘情调整。育肥期羯羊群可在夏场结束；淘汰母羊群要秋场结束；中下等膘情羊群和当年羔在放牧后，适当抓膘补饲达到上市标准后结束。放牧育肥羊群不要在春场和夏场初期结束。

A.5.2 舍饲育肥

舍饲育肥都在冬春季牧草枯萎时期，或在屠宰前短期内进行。所用饲料除优良的豆科、禾本科干草外，还有工业加工副产品，如甜菜渣、酒糟、油饼以及高含淀粉的农副产品。

A.5.3 放牧加补饲育肥

常由于草场牧草不好或缺乏草场时，或短期内进行育肥时用之，是放牧与舍饲相结合的育肥方式。放牧羊只是否转入舍饲育肥主要视其膘情和屠宰重而定。根据牧草生长状况和羊只采食情况，采取分批舍饲与上市的方法，效果较好。若第一期放牧育肥安排在6月下旬到8月下旬，则第一个月全放牧，第二个月补加精料，每只每日200 g，此后精料补加到400 g；第二期育肥安排在9月上旬到10月底，则第一个月放牧的同时补加精料200 g～300 g，第二个月补饲精料量到500 g。这样可有效控制草场载畜量，全期增重比放牧育肥提高30%～60%。

A.5.4 育肥期饲养要点

A.5.4.1 饲喂过程中，应避免过快变换饲料种类和饲料类型。用一种饲料代替另一种时，一般在3 d～5 d内先替换1/3，再在3 d内替换2/3，然后再全部替换完。用粗饲料替换精饲料，一般10 d左右完成。

A.5.4.2 供饲喂的各种干草和粗饲草要铡短，块根块茎饲料要切片，饲喂时要少喂勤添，精饲料每天可分两次饲喂。

A.5.4.3 用青贮、氨化秸秆喂羊时，喂量由少到多，逐步代替其他牧草，当羊群适应后，每只成年羊每天喂量不应超过下列指标：青贮饲料2.0 kg～3.0 kg，氨化秸秆1.0 kg～1.5 kg之间。

A.5.4.4 凡是腐败、发霉、变质、冰冻及有毒有害的饲草饲料，一律不准饲喂育肥羊。

A.5.4.5 确保育肥羊每日都能喝足清洁饮水。当气温在15 ℃～20 ℃时，饮水量为1.5 kg～2.0 kg；气温在20 ℃以上时，饮水量接近3.0 kg。在冬季，不宜饮用雪水或冰冻水。

A.5.4.6 育肥羊的圈舍应清洁干燥，空气良好，挡风遮雨，同时要定期清扫和消毒，保持圈舍的安静，凡供饲喂用的草架和饲槽，其长度与每只羊所占位置的长度和总羊数相称，以免饲喂时羊只拥挤和争食。

A.6 疾病防治

参照DB63/T 435的要求执行。

附　录 B
（规范性附录）
青海半细毛羊管理技术

B.1　羊只编号

青海半细毛羊个体编号是育种和生产中必不可少的，便于选种选配。编号在羔羊初生鉴定后进行，采用佩戴耳标的方法，耳标为铝制或塑料耳标，形状为圆形、长条形和凸字形。

耳标用以记载羊只的出生年份、个体号和品种等，编号方法是第一字母表示出生年份的最末一个字，接着是羊的个体号，个体号编几位数由生产规模和育种的需要等因素决定。如：3001为2003年出生的001号羊。另外，为了识别品种或杂交组合，可在耳标的背面写上品种或杂交组合代号。

B.2　公羔去势

公羔出生后18 d左右去势为宜，如遇天阴或羔羊体弱可适当推迟。去势和断尾可同时进行或单独进行，最好在早晨10点前进行，以便全天观察和护理去势羊。去势可采用刀切法或结扎法。

B.2.1　刀切法

用阉割刀或手术刀切开羊的阴囊，摘除睾丸。手术时需两人配合。一个人保定羊，方法可采用侧卧保定或提起两后肢，两腿夹住羔羊前身，阴囊外部用75％酒精或碘酒消毒，消毒后术者一手握住阴囊上方，以防睾丸回缩腹腔内，另一手用消过毒的刀在阴囊侧下方切开一个小口，约为阴囊长度的1/3，以能挤出睾丸为度。切开后把睾丸连同精索拉出，最好钝性刮断，刮断后断端消毒，撕断的上端精索自行回缩，一般不用剪刀剪或刀割。一侧的睾丸取出后，如法取掉另一侧的睾丸。睾丸摘除后，阴囊内可撒20万～30万IU（国际单位）的青霉素，然后对切口消毒。

B.2.2　结扎法

公羔出生8 h～10 h，将睾丸挤进阴囊里，用橡皮筋或细绳紧紧地结扎在阴囊的上部，目的是断绝睾丸的血液供应。约经15 d左右，阴囊及睾萎缩后全自动脱落。

B.3　羔羊断尾

羔羊的断尾应在羔羊出生后10 d内进行，此时尾巴较细，出血少。

B.3.1　热断法

采取热断法时，需要一个特制的断尾铲（厚0.5 cm，宽7 cm，高10 cm）和两块20 cm见方的两面钉上铁皮的木板（一块木板的下方，挖一个半圆形的缺口）。操作时一人保定羔羊，一人在离羊尾4 cm处（第三、第四尾椎之间），用带有半圆形缺口的木板把尾巴紧紧地压住，把烧成暗红色的断尾铲稍微用力在尾巴上往下压，将尾巴断下。

B.3.2 结扎法

用橡皮筋在尾巴第三、第四尾椎之间紧紧扎住，断绝血液流通，下端的尾巴10 d左右即可自行脱落。

B.4 药浴

每年剪毛后1周～2周伤口愈合后即可药浴。每年10月份进行驱虫药内服和健康检查。一般情况下剪毛的羊都应药浴，以防疥癣病的发生。药浴使用的药剂有0.05%的辛硫磷水溶液和石硫合剂。

在药浴前8 h停喂料，在入浴前2 h～3 h给羊饮足水，以防止羊喝药液。健康羊先浴，有疥癣的羊最后浴。羊出浴后应在滴流台上停10 min～20 min。工作人员在出口处应把每只羊的头部压入药液中1次～2次。药浴后5 h～6 h可以转入正常饲养。怀孕2个月以上的母羊一般可进行药浴。药浴时间在剪毛后6 d～8 d为好，第一次药浴后8 d～10 d再重复药浴1次。

B.5 剪毛

B.5.1 剪毛时间和次数

根据气候条件，通常每年剪一次，在7月前后进行剪毛。

B.5.2 羊群的准备

按照剪毛计划及时调整羊群，以保证剪毛工作的顺利进行。剪毛应从低价值羊开始，可按羯羊、试情羊、幼龄羊、母羊和种公羊的顺序进行。剪毛前12 h，停止放牧、饮水和喂料，以免剪毛时粪便污染羊毛和发生伤亡事故。

B.5.3 剪毛方法与顺序

首先，把羊左侧卧在剪毛台或席子上，羊背靠剪毛员，从右后胁部开始，由后向前，剪掉腹部、胸部和右侧前后肢的羊毛。再翻羊使其右侧卧下，腹部向剪毛员。剪毛员用右手提直羊只左后腿，从左右腿内侧到外侧，再从左右腿外侧到左侧臀部、背部、肩部，直至颈部，纵向长距离剪去羊体左侧羊毛。然后使羊坐起，靠在剪毛员两腿间，从头顶向下，横向剪去右侧颈部及右肩部羊毛，再用两腿夹住羊头，使羊右侧突出，再横向由上向下剪去右侧羊毛。最后检查全身，剪去遗留下的羊毛。

B.5.4 剪毛注意事项

B.5.4.1 剪毛剪应均匀地贴近皮肤把羊毛一次剪下，留茬尽量低。若毛茬过高，也不要重剪，以免造成二刀毛，影响羊毛利用。

B.5.4.2 不要让粪土草屑等混入毛被。毛被应保持完整，以利羊毛分级、分等。

B.5.4.3 剪毛动作要快，时间不宜拖得太长，以免引起瘤胃臌气、肠扭转，而造成不应有的损失。

B.5.4.4 尽可能不要剪破皮肤，万一剪破要及时消毒、涂药或进行外科缝合，以免生蛆和溃烂。

B.5.5 羊毛包装和贮存

B.5.5.1 剪下的羊毛尽量保持套毛完整，不同种类和等级的羊毛不能混杂在一起，要分别放置。

B.5.5.2 最好用小型打捆机打捆，防止黏结。

B.5.5.3 羊毛要贮存在干燥、通风的库房内。在露天场地堆放，应有篷布遮盖。羊毛不能直接接触地面，要用木板等垫起，注意防水、防火和防盗。剪毛结束后尽量将羊毛交运。

ICS 65.020.30
CCS B 43
备案号:26347—2009

DB63

青海省地方标准

DB63/T 823—2009

欧拉羊饲养管理技术规范

2009-08-31发布 2009-09-15实施

青海省质量技术监督局 发布

前 言

为规范青海省欧拉羊饲养管理，提高欧拉羊生产性能，充分发挥欧拉羊优势资源，加快我省畜牧业发展步伐，在总结青海省特殊环境条件下欧拉羊饲养管理经验的基础上，参考相关技术资料，制定出符合青海省欧拉羊饲养管理的技术规范。

本规范由青海省畜牧兽医科学院提出并归口。

本规范由青海省质量技术监督局发布。

本规范由青海省畜牧兽医科学院起草。

主要起草人：毛学荣、余忠祥、雷良煜、阎明毅。

欧拉羊饲养管理技术规范

1 范围

本规范规定了青海省欧拉羊饲养管理的术语和定义、饲养环境要求、饲养管理、疫病防治技术、出售和运输、资料记录。

本规范适用于青海省境内的欧拉羊饲养管理。

2 规范性引用文件

下列文件中的条款通过本标准的引用而成为本标准的条款。凡是注日期的引用文件，其随后所有的修改单（不包括勘误的内容）或修订版均不适用于本标准，然而，鼓励根据本标准达成协议的各方研究是否可使用这些文件的最新版本。凡是不注日期的引用文件，其最新版本适用于本标准。

GB/T 16549 畜禽产地检疫规范

GB/T 16567 种畜禽调运检疫技术规范

GB/T 18407 农产品安全质量无公害畜禽肉产地环境要求

GB/T 1l8596 畜禽养殖污染物排放标准

GB/T 19630 有机产品

NY/T 388 畜禽场环境质量标准

DB63/T 435 牛、羊规模饲养防疫技术

《中华人民共和国种畜禽管理条例》

《中华人民共和国动物防疫法》

3 术语和定义

3.1 欧拉羊

是藏系绵羊品种中的一个特殊生态类型，是由于自然生态环境长期影响和人们世代不断的选育而形成的。体格大而壮实，四肢长而端正，背腰较宽平，胸、臀部发育良好，后躯较丰满，十字部稍高，被毛稀，头、颈、腹部及四肢多着生杂色短刺毛，少数具有肉髯。蹄质较致密，尾小呈扁锥形。公母羊都有角，向左右平伸或呈螺旋状向外上方斜伸。公羊前胸多着生粗硬的黄褐色“胸毛”。主要分布于青藏高原东部边缘青、甘、川三省交接的黄河第一弯曲部，对青藏高原高寒牧区恶劣的自然生态条件及四季放牧、粗放的饲养管理条件有很强适应性的混型毛被的羊种。

3.2 组群

即按照羊只的性别、年龄合理组织羊群，依照品种标准选优去劣，分级分系，为等级选配或品系繁育准备条件，为养羊生产打好基础。

3.3 鉴定

根据绵羊的生产力、外貌、体质以及发育状况来评定羊只的品质优劣。

3.4 死毛

一种变态有髓毛，较粗硬，横切面呈不规则形状，髓质层发达，脆而易断，无光泽，呈骨白色。

3.5 胸毛

指在胸部前缘着生的粗直且硬长的毛。

3.6 世代间隔

繁殖一代所需的时间。通常以羔羊出生时父母的平均年龄来计算。

3.7 羊场废弃物

主要包括羊粪、尿、尸体及相关组织、垫料、过期兽药、残余疫苗、一次性使用的畜牧兽医器械及包装物和污水。

4 饲养环境要求

4.1 饲养环境

饲养环境应符合NY/T 388的相关规定；无公害畜产品生产基地应符合GB/T 18407《农产品安全质量无公害畜禽肉产地环境要求》；有机畜产品生产基地应符合GB/T 19630《有机产品》的规定。

4.2 羊舍要求

羊舍要求符合NY/T 388的规定。羊舍面积为每只羊占1.0 m^2～1.5 m^2。

4.3 废弃物处理

废弃物处理符合GB/T 18596的规定。

5 饲养管理

5.1 管理技术

5.1.1 组群

5.1.1.1 畜群结构

羊群适宜的适龄母畜比例为55%～70%，后备母畜比例15%～20%。核心繁育群年龄组成以青、壮、老年比例15%、75%和10%为宜。

5.1.1.2 性别比例

自然交配和人工辅助交配，每25只～30只母羊配备1只种公羊。

5.1.1.3 选留淘汰

产羔期注意泌乳多、产双羔的母羊，优先留下高产的母羊与其后代，淘汰连年不孕母羊；剪毛后注意淘汰老龄、体型不良、跛肢、瞎奶头和乳腺炎的母羊；断奶后记下生长速度快的羔羊和母羊号，作为选留依据。

5.1.2 鉴定

欧拉羊鉴定按照DB63/T 822《欧拉羊选育技术规范》执行。

5.1.3 编号

编号的方法：第一个字母表示出生年份的最末一个数字，接着是羊的个体号，个体号的位数由生产规模和育种的需要而定。如：9001为2009年出生的001号羊。

5.1.4 留种和去势

5.1.4.1 留种

按DB63/T 822《欧拉羊选育技术规范》，选留符合标准的公、母羊留作种用。

5.1.4.2 去势

对不能留作种用的公羔、鉴定不合格的后备公羊和淘汰种公羊，采用手术法或结扎法去势。

5.1.4.2.1 手术法

对阴囊外部用75%的酒精或碘酒消毒，然后一手握住阴囊上方，以防睾丸回缩腹腔内，另一手用消过毒的刀在阴囊侧下方切开一小口，约为阴囊长度的1/3，以能挤出睾丸为度。切开后把睾丸连同精索拉出，最好钝性刮断，刮断后断端消毒，撕断的上端精索自行回缩。一侧的睾丸取出后，如法取掉另一侧的睾丸。睾丸摘除后，阴囊内撒20万～30万IU（国际单位）的青霉素，最后对切口进行碘酒消毒。

5.1.4.2.2 结扎法

将睾丸挤进阴囊里，用橡皮筋或细绳紧紧地结扎在阴囊的上部，断绝睾丸的血液供应。约经15 d左右，阴囊及睾丸萎缩后会自动脱落。

5.1.5 剪毛

5.1.5.1 剪毛时间

每年6月～7月进行剪毛。

5.1.5.2 剪毛次数

每年剪毛一次。

5.1.5.3 剪毛要求

剪毛时保持剪毛场地周围干净，被毛要干，避免重剪毛，毛包不堆放在潮湿阴暗处。

5.2 饲养技术

5.2.1 饲养要求

5.2.1.1 种公羊

种公羊要常年保持中上等膘情，体质健壮，精力充沛。补饲种公羊的饲料，必须富含蛋白质、维生素和矿物质。饲喂种公羊的粗饲料要求品质良好。

5.2.1.1.1 非配种期

在冬季和早春没有配种任务时，种公羊每天归牧后自由舔食营养舔砖或补饲精料0.5 kg、干草1 kg～2 kg，充足饮水。

5.2.1.1.2 配种期

种公羊每天需要补饲精料1.0 kg、青干草2.0 kg、胡萝卜0.5 kg～1.5 kg、食盐15g～20g，充足饮水。

5.2.1.2 繁殖母羊

5.2.1.2.1 空怀期

空怀期要对母羊抓膘复壮，为母羊的配种、妊娠贮备足够的营养，以确保有较高的受胎率和产羔率。

5.2.1.2.2 怀孕前期

母羊在怀孕期的前3个月除放牧外，视放牧草场情况少量补饲。要求母羊保持良好的膘情。管理上要避免吃霜草或霉烂饲料；不使羊受惊。

5.2.1.2.3 **怀孕后期**

注意蛋白质、钙、磷的补充，能量水平不宜过高。注意保胎，出牧、归牧、饮水、补饲都要慢而稳，防止拥挤、滑跌，严防跳崖、跑沟，在较平坦的牧场上放牧。羊舍要保持温暖、干燥、通风良好。

5.2.1.2.4 **哺乳期**

母羊在产后4周～6周增加精料补饲量，多喂多汁饲料。放牧时间由短到长，距离由近到远，经常保持圈舍清洁、干燥。

5.2.1.3 **育成羊**

5.2.1.3.1 **精料补饲**

育成羊以放牧为主，冷季每天补饲混合精料0.2 kg～0.5 kg，同时注意矿物质钙、磷和食盐的补给。

5.2.1.3.2 **适时配种**

育成母羊在体重达到成年母羊体重的65%以上时配种。育种公羊在18月龄以后，体重达到成年公羊体重的65%或50 kg以上时参加配种。

5.2.1.4 **羔羊**

5.2.1.4.1 **初乳**

羔羊在出生后1小时内应该保证吃到初乳。

5.2.1.4.2 **补乳**

加强对缺奶羔羊的补乳。宜用牛奶或人工奶，补乳时严格掌握温度（38 ℃～39 ℃）、喂量（150 mL～250 mL）、次数（4次～6次）、时间（早、上午、中午、下午、晚）及卫生消毒。

5.2.1.4.3 **圈舍卫生**

严格执行消毒隔离制度。羔羊出生前对羊舍及周围环境要严格消毒，产羔期间对病羔隔离，对死羔及其污染物及时处理，控制传染源。

5.2.1.4.4 **断奶**

发育正常的羔羊，到3月龄～4月龄断奶。对发育好的羔羊，断奶时间可以适当提前；发育差的或计划加强培育的羔羊，断奶时间可以适当延迟，加强青干草的补饲。

5.2.2 放牧技术

5.2.2.1 天然草场的利用

5.2.2.1.1 草场规划

根据草场的地形、地势、水源、交通、草质、草量和羊群情况，分别划定出饲料种植地、各季放牧地和后备牧地等。对牧地的安排，种公羊和母羊要留有较好的牧地。育成羊要留出专用牧地。圈舍附近的牧地留给哺乳母羊和羔羊。

5.2.2.1.2 划区轮牧

根据草场类型、利用时间、草地载畜量和寄生虫的侵袭动态等，将天然草场分成若干轮牧区，羊群按计划在轮牧区内放牧。

5.2.2.1.3 围栏放牧

根据地形把草场围起来，在一个围栏内，根据牧草所提供的营养物质数量结合羊的营养需要，安排一定数量的羊放牧。

5.2.2.2 四季放牧

5.2.2.2.1 春季放牧

在牧草返青期，防止羊只啃青和跑青现象。每隔10 d～20 d换新放牧地，抓好底膘。

5.2.2.2.2 夏季放牧

放牧地宜选岗头高地通风的地方。早出远牧、出牧和收牧时要掌握“出牧急行，收牧缓行”和“顺风出牧，顶风归牧”的原则，放牧要尽可能增加实际采食时间，采取满天星队形或一条鞭式队形。防备狼害、高山放牧防止滚坡等意外事故发生。

5.2.2.2.3 秋季放牧

秋季无霜时应早出晚归，延长放牧时间。晚秋有霜时采取晚出晚归的办法放牧。严防吃进霉烂和霜冻的饲草。

5.2.2.2.4 冬季放牧

冬季牧场的利用，先远后近，先阴后阳，先高后低，先沟后平。当牧场积雪较厚时，要及时补饲。

5.2.3 补饲技术

5.2.3.1 补饲饲料种类

包括粗饲料、精饲料和矿物质及微量元素。粗饲料主要有各类干草、农作物秸秆等。精饲料原料包括玉米、小麦、青稞、豌豆、菜籽饼、麸皮等。

5.2.3.2 补饲量

表1 各类羊每年的补饲量

羊别	补饲天数(d)	干草补饲量(kg)	混合精料补饲量(kg)
种公羊	180	180	100
成年母羊	180	120～180	30～40
育成公羊	180	120～180	30～40
育成母羊	180	100～150	20～30
羔羊	180	50	20

5.2.4 育肥技术

5.2.4.1 放牧育肥

在夏秋季节将拟出栏的羔羊、羯羊、淘汰母羊组成临时育肥群，利用天然草场、人工草场放牧育肥。育肥期羯羊群可在夏季草场结束；淘汰母羊群在秋季草场结束；中下等膘情羊群和当年羔羊未达到上市标准的进行放牧加补饲育肥。

5.2.4.2 放牧加补饲育肥

把当年拟出栏的羔羊或1.5岁羊组成临时育肥群，在冬春草场轻度放牧，出牧前和归牧后补饲精料。育肥安排在9月初～10月底，第一个月放牧的同时补饲精料100 g～200 g，第二个月补饲精料200 g～300 g，或在饲槽中放置营养舔砖，出牧前和归牧后自由舔食。

5.2.4.3 舍饲育肥

在冬春季枯草期利用青干草、秸秆饲料和精饲料等对1岁～2岁羯羊进行舍饲育肥，育肥安排在1月～5月，育肥期为60天～90天，每天饲喂青干草1.5 kg～2.0 kg，补饲精料200 g～500 g，或在饲槽中放置营养舔砖，自由舔食。分早晚各一次饲喂，采用前粗后精的方法饲喂，每天饮水1次～2次。

5.2.4.4 育肥期饲养要点

5.2.4.4.1 饲喂过程中，应避免过快变换饲料种类和饲料类型。用一种饲料代替另一种时，一般在3 d～5 d内先替换1/3，再在3 d内替换2/3，然后再全部替换完。用粗饲料替换精饲料，10 d左右完成。

5.2.4.4.2 供饲喂的各种干草和粗饲草要铡短，饲喂时要少喂勤添，精饲料每天可分两次饲喂。

5.2.4.4.3 凡是腐败、发霉、变质、冰冻及有毒有害的饲草饲料，一律不准饲喂育肥羊。

5.2.4.4.4 确保育肥羊每日都能喝足清洁饮水。

5.2.4.4.5 育肥羊的圈舍应清洁干燥，空气良好，挡风遮雨，同时要定期清扫和消毒，保持圈舍的安静。

6 疫病防治

疫病防治按照DB63/T 435执行。

7 出售和运输

7.1 不出售病羊、死羊。

7.2 运输车辆在运输前和使用后应用消毒液彻底消毒。

7.3 运输前，应经动物防疫监督机构根据GB/T 16549及国家有关规定进行检疫，出具检疫证明合格者方可出售或屠宰。种羊调运按GB/T 16567执行。

8 资料记录

8.1 资料记录应准确、可靠、完整。

8.2 记录主要包括饲料、疫苗注射、疾病治疗、驱虫、消毒和销售等，记录表见附录A。

附　录　A
（资料性附录）
欧拉羊饲养管理记录表

表A.1　饲料记录表

饲料名称	饲料类型			生长阶段	日饲喂量	饲料来源
	粗饲料	精饲料	辅助饲料			

表A.2　疫苗注射记录表

疫苗名称	生产厂家及批号	个体编号	使用日期	使用原因

表A.3　疾病治疗记录表

药物名称	商标名	种类	个体编号	症状	使用日期	剂量	使用原因

表A.4　驱虫记录表

药物名称	商标名	种类	个体编号	使用日期	剂量

表A.5　消毒记录表

日期	药物名称	剂量	实施人员

表A.6　销售记录表

生产者　　　　　　　　　　　　　　　　　　　　　　　　年份

销售日期	类别	个体编号	去向	备注

ICS 65.020.20
CCS B 45
备案号:33261—2012

DB63

青 海 省 地 方 标 准

DB63/T 1036—2011
代替DB43/ 050—1989

青海毛肉兼用细毛羊

2011-12-19发布 2012-02-01实施

青海省质量技术监督局 发布

前言

本标准按照GB/T 1.1—2009给出的规则起草。

本标准代替DB63/050—1989《青海细毛羊》，本标准与DB63/050—1989相比较变化内容如下：

原体侧毛长在8.0厘米以上修订为体侧毛长在9.0厘米以上。细度为60支～64支修改为细度为64支～70支，主体细度为66支。原净毛率达40%以上修订为净毛率达50%以上。原剪毛前体重成年公羊70公斤、一岁公羊35公斤、一岁母羊30公斤分别修订为80公斤、30公斤、28公斤。原成年公羊剪毛量7.0公斤修订为8.0公斤。原二级羊体侧毛长7.0厘米修订为8.0厘米。原二级羊剪毛前体重一岁公羊30公斤、一岁母羊28公斤分别修订为28公斤、26公斤。原三级羊剪毛前体重一岁公羊35公斤、一岁母羊30公斤分别修订为30公斤、28公斤。

本标准由青海省农牧厅提出并归口。

本标准由青海省三角城种羊场负责起草。

本标准于1989年首次发布，本次为第一次修订。

本标准起草人：官却扎西、李大平、祁全青、党海森、赵殿智。

青海毛肉兼用细毛羊

1 范围

本标准代替原标准DB63/T 050—1989《青海细毛羊》。

本标准规定了青海毛肉兼用细毛羊的品种特征要求和等级鉴定要求。

本标准适用于青海毛肉兼用细毛羊生产及品种等级的鉴定。

2 规范性引用文件

下列文件对于本文件的应用是必不可少的。凡是注日期的引用文件，仅所注日期的版本适用于本文件。凡是不注日期的引用文件，其最新版本（包括所有的修改单）适用于本文件。

GB/T 2427 细毛羊鉴定项目、符号、术语。

3 术语和定义

GB/T 2427界定的以及下列术语和定义适用于本标准。

3.1 青海毛肉兼用细毛羊

3.1.1 青海毛肉兼用细毛羊是适应于海拔3200米～3900米，无绝对无霜期，产草量低，枯草期七个月以上的高寒牧区，终年放牧、少量补饲条件下的毛肉兼用细毛羊品种。

3.1.2 青海毛肉兼用细毛羊育种最初拟定的杂交方案是：先以新疆细毛羊和高加索细毛羊为父系与藏系同时分别杂交，两个父系的一代杂种母羊再和新疆羊继续杂交，在二代杂种中选择1至3级理想型公母羊进行横交，形成新品种。后来，在杂交过程中，其萨新藏后代羔羊体型一致，活泼健壮，发病少，生活力强。认为用萨尔品种细毛公羊来改良新藏二代母羊，可以有效地纠正新藏后代的重大缺点。于是即逐渐扩大了萨尔细毛羊在各类新藏杂种上的应用范围，萨尔细毛羊逐步成为青海毛肉兼用细毛羊的主要父系之一，和新疆细毛羊一起进行复杂杂交，完成了杂交改良阶段。1965年起，在萨新藏后代中选择理想型公母羊转入自群繁育，全面开始横交固定。经过十多年的选育提高，对横交繁育的后代严格选择，每年经过鉴定整群，选优去劣，特别注意有计划地选择和加强种公羊的培育，建立育种群，逐群进行选配。青海毛肉兼用细毛羊是在藏系羊与国内外细毛羊品种杂交的基础上，四代杂种中选择理想型个体进行横交固定的。现在的青海毛肉兼用细毛羊含有藏系羊血液八分之一到十六分之一。因此保留有藏系羊对高寒牧区严酷自然条件具有较强的适应性和忍耐性的特点。在终年放牧、冬春少量补饲的情况下，能正常生长发育，性情温顺，行动敏捷，对牧草选择不严，适合大群放牧饲养。冬春季节在稍加补饲和棚圈设备的条件下，青海毛肉兼用细毛羊的成幼畜保畜率平均为96.38%，羔羊繁殖成活率为86.43%。

4 品种特征要求

4.1 外貌特征

体质结实，结构匀称，背腰平直，四肢端正，蹄质致密；公羊有螺旋形大角，颈部有1～2个完全或不完全的横皱褶，母羊多数无角，少数有小角，颈部有发达的纵垂皮；被毛纯白，呈毛丛结构，闭合性良好，密度中等以上，细毛着生头部到两眼连线，前肢到腕关节，后肢到飞节。

4.2 羊毛品质

体侧毛长在9.0厘米以上，细度为64支～70支，主体细度为66支，羊毛细度均匀，弯曲正常；油汗适中（无污染部分占毛丛长度的二分之一以上），呈乳白色或淡黄色；穿衣羊羊毛净毛率在50%以上，未穿衣羊羊毛净毛率在40%以上。

4.3 生产性能

4.3.1 青海毛肉兼用细毛羊理想型最低生产性能指标见表1。

表1 青海毛肉兼用细毛羊理想型最低生产性能指标

单位：千克

性别	剪毛前体重			剪毛量		
	成年	二岁	一岁	成年	二岁	一岁
公羊	80	45	30	8.0	4.5	3.5
母羊	40	35	28	4.5	3.5	3.0

4.3.2 青海毛肉兼用细毛羊具有良好的抓膘性能，肉质细嫩，在终年放牧条件下成年羯羊的屠宰率达45%以上。

4.3.3 青海毛肉兼用细毛羊产羔率为100%～105%。

5 等级鉴定要求

青海毛肉兼用细毛羊按品种特征要求分为五级。

5.1 特级

符合品种特征要求，体重、剪毛量、毛长三项指标中有两项达到一级指标的110%，或一项达到一级指标的120%为特级。

5.2 一级

符合品种特征要求，各项生产性能均达到理想型最低指标要求的为一级。

5.3 二级

基本符合品种特征要求，体格中等；被毛密度较好，体侧部位毛长不低于8.0厘米的为二级。生产性能指标见表2。

表2 青海毛肉兼用细毛羊二级最低生产性能指标

单位：千克

性别	剪毛前体重		剪毛量	
	二岁	一岁	二岁	一岁
公羊	40	28	4.0	3.2
母羊	30	26	3.5	3.0

5.4 三级

基本符合品种特征要求，体格较大；被毛密度较稀，闭合性较差的为三级。生产性能指标见表3。

注：被毛匀度稍差，油汗少；腹毛有少量环状弯曲、黄色油汗；头毛及四肢毛着生偏多或偏少等缺点，在同一个体中不超过其中二项的允许进入三级。

表3 青海毛肉兼用细毛羊三级最低生产性能指标

单位：千克

性别	剪毛前体重		剪毛量	
	二岁	一岁	二岁	一岁
公羊	45	30	3.8	3.2
母羊	35	28	3.5	3.0

5.5 四级：

凡不符合以上各等级特征要求的个体，均列为四级。四级羊不能作种用。

ICS 65.020.30
CCS B 45
备案号:33262—2012

DB63

青　海　省　地　方　标　准

DB63/T 1037—2011

青海毛肉兼用细毛羊羊衣制作及使用标准

2011-12-19发布　　2011-02-01实施

青海省质量技术监督局　发布

前 言

本标准按照GB/T 1.1—2009给出的规则起草。

本标准由青海省农牧厅提出并归口。

本标准由青海省三角城种羊场负责起草。

本标准主要起草人：祁全青、官却扎西、党海森、李光梅、李发林。

青海毛肉兼用细毛羊羊衣制作及使用标准

1 范围

本标准规定了青海毛肉兼用细毛羊羊衣的制作和使用技术要求。

本标准适用于青海毛肉兼用细毛羊羊衣的制作及穿着，其他毛用绵羊可参照执行。

2 羊衣制作要点

2.1 面料要求

2.1.1 面料为聚乙烯编织布（即标准毛包布）或腈纶布（尼龙布）。

2.1.2 面料规格应厚薄适中。采用聚乙烯编织布时，宜选用每平方米150 g～180 g重的材料。

2.1.3 面料颜色宜用白色，忌用深色。

2.2 羊衣制作规格

羊衣制作规格见表1。

表1 羊衣规格

羊只类型	衣服规格(长×宽) cm
种公羊	120×125
成年公羊	110×115
成年母羊	100×110
2岁公母羊	100×110
1.5岁公母羊	100×105
培育公羊	95×110
当年公母羔羊	92×96

2.3 缝制要求

2.3.1 采用手工缝制，缝制的顺序见图1。

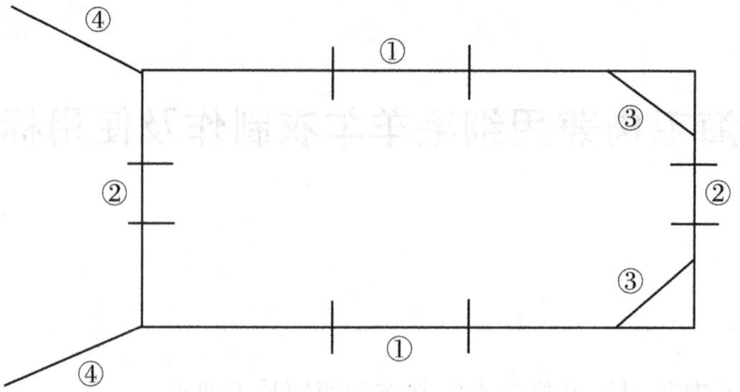

图1 羊衣手工缝制顺序示意图

注：①②为羊衣四边中心；

③为羊衣后端两角；

④为羊衣前端两角。

2.3.2 截取松紧带，每件羊衣用松紧带合计 110 cm，松紧带应选拉力较强的柱形带。

2.3.3 给面料四周锁边，同时将松紧带缝入，松紧带缝入的位置为羊衣四边中心处（如图 1-①②），每段松紧带长为 25 cm，缝入时先固定一端，然后将松紧带适量拉长再固定另一端。

2.3.4 羊衣前端两角处各缝制两条布带（如图 1-④），长各为 25 cm，羊只剪毛后穿衣时两条布带绑在颈下，可绑紧，待羊毛长长后，适当放松。

2.3.5 羊衣后端两角处各缝制两条松紧带（如图 1-③），各为 5 cm，与两角分别成等边三角形。穿衣时直接将两后肢套入即可。

3 羊衣使用技术

3.1 穿衣适期

3.1.1 对成年公母羊，在进入冬季舍饲期前穿上，至翌年剪毛时脱去。

3.1.2 对幼龄公母羊，仅适用于其体格发育至一定大小后穿着，一般为 8 月龄～10 月龄，至首次剪毛时脱去。

3.2 穿脱方法

3.2.1 穿衣

一手持衣，另一手保定羊只。先将羊衣前端绑在羊只颈部，羊衣铺展于羊背，分别提起羊的两后肢穿入羊衣，穿着即完成。

3.2.2 脱衣

应与穿衣次序逆向操作。

3.3 羊衣选择

3.3.1 根据羊只个体大小，选择合适的羊衣规格。

3.3.2 对幼龄公母羊，羊衣视当时羊体大小选用。一般幼龄母羊选用小号；幼龄公羊可先选小号，体格长大、羊毛长长后换穿中号，幼龄公羊体格大的可在起始时即穿中号。

3.3.3 对成年母羊，起始时（剪毛后）宜穿中号，羊毛长长后视着衣松紧状态更换大号。

3.3.4 对成年公羊，应另行缝制特大号。

注1：羊衣面料严禁使用易对羊毛造成异形纤维污染的织物（如丙纶丝等）。

注2：穿衣较适合于夏季进山放牧、冬季下山舍饲半舍饲方式的羊群。如羊群全年均在平原区（农区）饲养，盛夏季节气温过高时不宜穿着羊衣（或谨慎穿着），以免发生羊体过热中暑等事故。

三、疾病防治

ICS 65.020.01
CCS B 41
备案号:33264—2012

DB63

青　海　省　地　方　标　准

DB63/T 1039—2011

青海毛肉兼用细毛羊疫病综合防治规范

2011-12-19发布　　　　2011-02-01实施

青海省质量技术监督局　发布

前言

本规范根据GB/T 1.1—2009给出的规则起草。

本规范由青海省农牧厅提出并归口。

本规范由青海省三角城种羊场负责起草。

本规范起草人：党海森、官却扎西、祁全青、李光梅、裴全帮。

青海毛肉兼用细毛羊疫病综合防治规范

1 范围

本规范规定了青海毛肉兼用细毛羊的疫病综合防治和兽医站卫生保健工作。

本规范适用于饲养细毛羊的牧场、种羊场、种羊推广区及牧户。

2 青海毛肉兼用细毛羊疫病综合防治

2.1 对国家公布的绵羊疫病实行强制性防疫，常见传染病和寄生虫病参见附录A。

a）一类动物疫病：口蹄疫、绵羊痘。

b）二类动物疫病：布鲁氏菌病、炭疽、魏氏梭菌病、棘球蚴病。

c）三类动物疫病：肝片吸虫病、绵羊地方性流产、传染性脓包皮炎、腐蹄病、传染性眼炎、肠毒血症、绵羊疥癣。

2.2 对其他流行性传染病和寄生虫病，要根据本地疾病流行情况制定防治程序，防治密度力争达到100%，不留死角。

2.3 根据本地传染病和寄生虫病的流行情况，选择和使用疫苗及抗寄生虫药物。

2.3.1 常用抗寄生虫药物

2.3.1.1 驱吸虫药

氯氰碘柳胺钠、硝氯酚。

2.3.1.2 驱绦虫药

吡喹酮、氯硝柳胺（灭绦灵）、阿苯达唑。

2.3.1.3 驱线虫药

阿苯达唑、丙硫苯咪唑、左旋咪唑、芬苯达唑。

2.3.1.4 广谱驱虫药

伊维菌素、阿维菌素等对线虫、蜘蛛纲和昆虫纲体有效。灭虫净片对蠕虫、蜘蛛纲和昆虫纲体有效。

苯硫苯咪唑（达虫净）、丙硫苯咪唑：5 mg/kg对线虫有效；20 mg/kg对肝片吸虫有效；100 mg/kg对矛形双腔吸虫有效。

2.3.1.5 药浴药品

25%螨净、40%胺丙畏、12.5%双甲脒、12.5%新克疥、16%除癞灵。

杀虫油剂：喷洒防治蝇、蜱、蚤等，每只羊5 mL～7 mL；治疗疥癣时用清油5倍稀释后涂擦使用。倍特（5%溴氰菊酯）：喷洒浓度为80 ppm；20%氰茂菊酯：使用浓度为500 ppm。

2.3.2 传染病疫苗简介

表1 传染病疫苗

疫苗名称	预防的疫病	接种方法和说明	免疫期
口蹄疫O、I型活疫苗	口蹄疫	皮下或肌注1 mL,羔羊减半	半年
口蹄疫灭活疫苗		肌注2 mL,羔羊减半	半年
羊痘鸡胚化弱毒疫苗	绵羊痘	股内侧皮下注射0.5 mL	1年
无毒炭疽芽孢苗	炭疽	颈部皮下0.5 mL	
第11号炭疽芽孢苗		肌内或尾部皮内0.2 ml,皮下1 mL	1年
羊四联苗	羊猝疽、羊快疫、肠毒血症、羔羊痢疾	皮下或肌注1 mL	半年
羊梭菌多联干粉菌苗	对腐败、肉毒、魏氏、诺维氏梭菌病及破伤风	用20%氢氧化铝胶生理盐水稀释,皮下或肌注	1年
羊口疮弱毒苗	传染性脓疱皮炎	口腔黏膜内注射0.2 mL	

2.4 首次使用一种疫苗或一种抗寄生虫药物，要先进行小群试验，确定安全有效后，方能进行大面积推广使用。

2.5 对怀疑口蹄疫、绵羊痘和炭疽病的患羊，要及时确诊和上报当地政府，对患羊进行扑杀，对尸体进行焚烧和深埋，对疫区和受威胁区内的健康羊进行紧急时预防性接种免疫。

2.6 解除封锁的时间为：最后一只病羊死亡或治愈后3个月内不再出现新病例时才可解除封锁。

2.7 对某种传染病和寄生虫病防疫，要连续3年进行免疫预防接种和预防性驱虫；停止预防后2年内未见新病发生，经上级部门验收后，可定该病非疫区。

2.8 对本地区发生和流行过的传染病、寄生虫，要进行监测，一旦复发，应恢复对该病的防疫。

2.9 加强对三绦蚴病羊及带虫内脏的管理，不得随便丢弃病羊、内脏及羊头，不准将未煮熟的内脏喂犬，对包囊的内脏必须深埋。

2.10 对羊的蠕虫病进行冬季、秋季两季驱虫，驱虫时要充分利用草场划区轮牧时机，在转场前驱虫，避免重复感染。

2.11 对羊疥癣要进行剪毛后药浴和秋季药浴；在冬季发病时，对患羊进行隔离治疗。

2.12 对犬进行定期驱虫，每年每季度至少驱虫一次。对犬严格管理，限制饲养量，做到定点拴养，同时要建立犬的驱虫和疫苗注射情况档案，并实行佩戴耳标养犬制度。

2.13 根据本地传染病和寄生虫病流行情况，制定每年的疫病防治程序。动物防疫监督机构要参与疫病防治程序的制定、实施和督查。

表2　青海毛肉兼用细毛羊疫病防疫程序表

疫病名称	兽药名称	用药时间	方法及说明	说明
口蹄疫	牛羊口蹄疫O形灭活疫苗	3、9月份	肌注：临产前10～15天不予注射，待康复后补注	
绵羊痘	绵羊痘弱毒冻干活疫苗	6月份中旬	皮下注射	碱水消毒或焚烧处理
羊快疫、羊猝疽、羊肠毒血症、羔羊痢疾	羊梭菌病多联干粉灭活疫苗	3、8月份初	皮下或肌肉注射	
羊口疮	羊传染脓孢性皮炎细胞冻干活疫苗	4、10月份下旬	口腔黏膜内注射	
炭疽	无荚膜炭疽芽孢苗	5、6月份	皮下注射	
内寄生虫病（线虫、绦虫等）	丙硫苯咪唑、伊维菌素等	1、2月份 8、9、10月份	口服	
外寄生虫病（蜱、螨、蚤、虱、蝇等）	溴氢菊酯或螨净	7、9月份	药浴	
狗驱虫	丙硫苯咪唑或吡喹酮	3、6、9、12月份	口服	粪便焚烧或深埋

2.14　对抗寄生虫药物的使用，应采用交替用药的方法：即一种药物使用2年后，更换一次，避免产生抗药性。

2.15　对进、出种羊场的羊只，要进行产地检疫、运输检疫（铁路检疫和交通要道检疫）、进出口检疫、市场检疫、屠宰检疫；并按有关规定进行检疫，发放检疫证明；对不符合标准的羊只要按有关规定进行处理。对饲养动物严格实行佩戴免疫标识制度。

2.16　加强对圈舍卫生环境管理，保持圈舍通风，干燥；经常清除圈舍粪便，对粪便进行堆积发酵处理，预防寄生虫的传播。对产羔圈进行产前消毒处理，药浴池在使用前要彻底清洗。

2.17　种羊场对不作种用的公羔要进行去势处理，以防劣质公羊流入市场作种用。

2.18　对其他动物的同源性疫病可参照本规范进行防疫。

3　兽医卫生保健

3.1　基本要求

为了确保青海毛肉兼用细毛羊兽医卫生保健工作的顺利开展，应设立兽医室并配备专业兽医技术人员。

3.2　兽医室技术人员职责

3.2.1　制定年度疫病的免疫程序、检疫计划、治疗方案、疫病检测计划。

3.2.2　开展动物疫病防治的宣传教育和科普工作。

3.2.3　制定重大疫病发生和流行的紧急防控措施。

3.2.4 按照国家有关政策法规，开展有关的业务工作。

3.2.5 建立健全羊只的卫生保健档案，对种羊以个体为单位。主要内容包括：品种、羊只数量、性别、年龄、产羔数、成活数、产毛量、提供种羊数、提供商品羊数、存栏数、免疫接种疫苗的名称、时间、羊只死亡数量、死亡原因等。

3.2.6 指导羊只的饲养管理及实用技术推广工作，如绵羊人工授精、机械剪毛、羊穿衣、疫病防治技术。

3.2.7 接受上级主管部门的监督管理。

3.3 兽医室工作场所基本要求

3.3.1 兽医室应具有办公室、药品库房、诊断室、治疗室、隔离病房和病料处理场。

3.3.2 基本医疗设备：生物显微镜、冰箱、温箱、无菌操作台、液氮罐、消毒锅、手术台、手术架、手术器械、不同规格的注射器和针头、人工授精器械、常用麻醉剂、常用染色诊断剂、消毒剂、常规治疗用药、酒精灯、75%酒精、工作服、口罩、乳胶手套、雨靴等。

3.3.3 有条件的单位应配备电脑和快速出诊交通工具，提高管理水平。

3.4 兽医技术人员必须掌握的基本操作

3.4.1 能够鉴别常见的原虫、线虫、吸虫、绦虫、绦蚴、蜘蛛昆虫。

3.4.2 掌握虫卵的漂浮法、沉淀法、贝尔曼幼虫分离法和涂片诊断方法。

3.4.3 掌握用药剂量的计算方法和投药方法。

3.4.4 掌握革兰氏染色、吉姆萨染色和细菌培养方法，对一般细菌作出诊断。

3.4.5 掌握炭疽的常规诊断和处理方法。

3.4.6 掌握布病、结核的血清学诊断方法（琼脂扩散试验）。

3.4.7 掌握疫苗的保存和使用方法。

3.4.8 掌握一般传染病的诊断和治疗方法。

附　录　A
（资料性附录）
常见传染病和寄生虫简介

A1　口蹄疫

本病是一种急性、发热性、高度接触性传染病；病原为口蹄疫病毒，大小为20微米～24微米；口蹄疫病毒型主要为A型和O型。主要症状为：羊蹄叉、蹄冠发生水疱，水疱破溃后形成烂斑，走路疼痛，跛行；吃奶羔羊常发生出血性胃肠炎，引起大量死亡；怀孕母羊发生流产。

预防：本病的发生具有周期性，常3年～5年发生一次，春季易发。发现病畜，无须治疗，就地捕杀，并将疫情上报当地政府，进行封锁、消毒和预防接种口蹄疫疫苗。

A2　绵羊痘

本病是一种过滤性病毒引起的接触性传染病，呈流行性。病原为痘病毒，大小为194微米×115微米。主要症状为：病羊皮和黏膜上出现丘疹和脓包；成年羊死亡率在20%左右，羔羊在60%左右；母羊流产，并永久性丧失生产能力。

预防：本病多发生在12月份～3月份，病羊无特殊治疗法。发现病羊后立即捕杀，并进行封锁，消毒和预防接种羊痘鸡胚化弱毒疫苗。在最后一只羊死亡后2个月不再出现新病例时，才可宣布解除封锁。

A3　炭疽

本病是一种急性、热性、败血性人畜共患传染病。病原为炭疽杆菌，大小为（3～8）微米×（1～1.5）微米，在染色的涂片中，细菌呈竹节状短链。主要症状为：潜伏期1～3天，出现症状后1小时内死亡。死亡前症状为突然倒地、昏迷、发抖、磨牙、天然孔流出黑色血液。

预防：对怀疑为炭疽的病畜，经细菌学和血清学诊断，确诊为炭疽时，对尸体要进行焚烧并且深埋；同时要向当地政府上报疫情，对疫区进行封锁、消毒和预防接种炭疽芽孢苗。

A4　布鲁氏菌病

本病是一种引起生殖系统疾病的慢性病。病原为种羊布鲁氏菌，大小为（0.6～1.5）微米×（0.5～0.7）微米。主要症状为：母羊在怀孕后期（4个月）发生流产，流产率在20%；公羊则发生睾丸炎、附睾炎、慢性关节炎、跛行、行走困难。

预防：对确诊为布鲁氏菌病的病羊，应该淘汰处理。对疫区羊只进行接种免疫。

A5　羔羊痢疾

本病是一种7日龄左右羔羊发生剧烈腹泻的传染病。病原较复杂，分别为B型产气荚膜杆菌、大肠埃希氏杆菌、沙门氏杆菌、肠球菌等。杆菌大小为（4～8）微米×（1～1.5）微米。发病率和致死率都在30%左右。

预防：对发病羔羊进行对症治疗。对疫区的母羊预防接种秋季痢疾菌苗，产前2周～3周再进行一次加强注射免疫。

A6 羊猝疽、羊快疫

本病是羊的一种急性传染病，常呈混合感染；羊猝疽的病原为C型产气荚膜杆菌，大小为41.5微米；羊快疫的病原为腐败杆菌，大小为（2～4）微米×0.6微米。发病羊多为1.5岁以下、膘情中等的羊只，发病突然，病程极短，往往看不到症状即死。发病率和致死率均在90%以上。

预防：病羊无特效疗法；只能采用免疫接种羊猝疽、羊快疫、羊肠毒血症三联菌苗进行预防。

A7 羊肠血毒症

本病是一种急性非接触性传染病。病原为D型产气荚膜杆菌，大小为（2～8）微米×（1～1.5）微米；病原主要在肠内迅速增殖，产生大量毒素而使患羊中毒。因本病死亡的羊，时间稍长，肾脏呈软泥状，因此，本病又称为软肾病。其发病率在20%左右。

预防：对羊尸体要进行深埋，疫区接种羊猝疽、羊快疫、羊肠毒血症三联苗进行预防。

A8 羊黑疫

本病是一种急性高度致死性毒血症，以肝实质的坏死病灶为特征，又称传染性坏死性肝炎。病原为B型诺维氏棱菌。病羊尸体皮下静脉显著充血，使其皮肤呈暗黑色外观，所以又称黑疫。大多数病羊在发病3天内死亡。

预防：注射黑疫苗和羊厌气菌五联苗（羊快疫、羊猝疽、羊肠毒血症、羔羊痢疾、羊黑疫）；除羊快疫外，对其他病的免疫保护可达一年。

A9 羊链球菌病

本病是羊的一种急性热性败血性传染病，主要发生于绵羊。其特征为颌下淋巴结和咽喉肿胀，各脏器出血，大叶性肺炎，胆囊肿大2倍～4倍；症状有体温升高、心率110次/分以上；孕羊流产。病原为兽疫链球菌，根据症状和在胸、腹腔渗出液中见到3个～5个相连的革兰氏阳性链球菌即可确诊。

预防：在疫区发病季节来临之前，用羊链球菌氢氧化铝甲醛菌进行普遍的预防注射，皮下注射3毫升；3月龄羔羊还应在第一次注射后2周～3周进行加强注射。

A10 消化道蠕虫病

蠕虫包括吸虫、绦虫、线虫。蠕虫病的病原种类较多，约100多种，虫体主要寄生在消化道、肝脏、胰脏内；而且常呈混合感染，症状也比较相似，治疗上有很多相似之处。采用广谱驱虫药，或复合制剂可一举驱出体内的全部虫体。

吸虫类主要有：肝片吸虫、矛形双腔吸虫、胰阔盘吸虫、前后盘吸虫。

绦虫类主要有：扩张莫尼茨绦虫、贝氏莫尼茨绦虫、盖氏曲子宫绦虫、中点无卵黄腺绦虫。

线虫类主要有：捻转血矛线虫、仰口线虫、毛首线虫、食道口线虫、马歇尔线虫、奥斯特线虫、细颈线虫、夏伯特线虫、毛圆线虫和类圆线虫。

症状：消化不良、拉稀、下痢，便血、消瘦、生长缓慢、下颌和胸腹部水肿，感染严重的患畜常在春季发生大批死亡。

防治：秋季驱虫、冬季驱虫。

A11　肺丝虫病

本病是有寄生在肺支气管内的丝状网尾线虫和小型肺丝虫引起的寄生虫病。

症状：呼吸困难、流鼻涕、甩头、喷鼻。感染严重时，出现食欲减退、消瘦、不愿走动、喜卧、体温升高、衰竭死亡。

防治：秋季驱虫、冬季驱虫。

A12　三绦蚴病

三绦蚴病是指寄生在羊肝、肺上的棘球蚴，寄生在羊脑内的多头蚴和寄生在羊内脏上的细颈囊尾蚴。羊感染棘球蚴后，肝肺上出现大量包囊，肝肺功能下降、消瘦、衰竭死亡。羊感染多头蚴后，主要表现为神经症状，精神沉郁、盲目运动、呆立、消瘦、失明、转圈运动、卧地不起、衰竭死亡。羊感染细颈囊尾蚴后，症状不明显。三绦蚴病主要是由犬类传播的，在防治羊三绦蚴病的同时，要加强对犬绦虫病的防治。

防治：加强羊的集中屠宰管理，发现感染有病原的脏器要集中深埋处理；对非正常死亡的羊只，切勿乱丢，要深埋处理，防止被狗或其他野生动物食用后传播本病。

A13　犬绦虫病

犬绦虫病的病原分别为细粒棘球绦虫、多头绦虫和泡状带绦虫，虫体寄生在犬小肠内。患犬消瘦，精神沉郁、不愿跑动、拉稀、便血、粪便中常有绦虫节片。羊只吃入被犬粪污染的牧草后，便会发生大绦虫病。因此，防治犬绦虫病不仅对犬有益，而且是预防羊大绦虫病的有效措施。

防治：对家犬和牧犬实行佩戴耳标养犬制度，限制饲养量，做到定点拴养，对野犬进行捕杀，并进行定期驱虫；对驱出的粪便要集中深埋。驱虫药品为吡喹酮药饵。可用氢溴酸槟榔碱进行诊断性驱虫。

A14　疥癣

疥癣是危害细羊毛业发展的重大寄生虫病，传染性很强。病原为痒螨和疥螨，寄生在皮肤内和毛根处。主要症状就是掉毛，皮肤炎症；由于奇痒，患羊不停啃咬患部；食欲下降，消瘦，春季发生大批死亡。患畜一般在12月至4月期间发病，此间的虫体特别活跃，在皮肤内掘洞，吞食组织，大量繁殖。5月至11月停滞发育，虫体潜伏在羊的皮肤皱褶及阳光照射不到的地方，患畜出现自愈。如不治疗，来年继续发病。

防治：疥癣的防治措施主要是剪毛后的夏季药浴和秋季药浴。对患羊进行隔离治疗，注射伊维菌素、碘硝酚等。

A15　蜱、虱、蚤等外寄生虫病

病原主要有硬蜱、软蜱、毛虱、血虱、羊蝇、蠕形蚤等。虫体寄生在体表，肉眼可见。由于虫体大量吸血和释放毒素，患羊奇痒，不停踢咬患部、精神沉郁、食欲下降、消瘦、掉毛、瘫痪，患羊最后衰竭死亡。

防治：在发病季节向羊体喷洒5 mL～7 mL杀虫油剂和其他超低容量喷雾剂。

A16 羊鼻蝇蛆病

本病是由羊鼻蝇寄生在羊鼻腔、鼻窦内引起寄生虫病。患羊流鼻液，有时可见脓性或血性鼻液；呼吸困难、甩头、喷鼻、食欲减退、消瘦，有时可见神经症状，感染严重的患畜常衰竭而死。

防治：在成蝇飞翔季节向羊体喷洒5 mL～7 mL杀虫油剂。在初冬可用敌敌畏熏蒸法治疗，也可以用伊维菌素、氯氰碘柳胺钠、碘硝酚进行注射治疗。

ICS 11.220
CCS B 41
备案号:37394—2013

DB63

青 海 省 地 方 标 准

DB63/T 1184—2013

羊产地检疫技术规范

2013-03-25发布 2013-04-15实施

青海省质量技术监督局 发布

前　言

本规范按照GB/T 1.1—2009的规则编写。

本规范由青海省农牧厅提出并归口管理。

本规范起草单位：青海省动物卫生监督所。

本规范主要起草人：许海抚、尕桑本、杨永斌、陈海莉、许威、刘世红、徐玉峰。

羊产地检疫技术规范

1 范围

本规范规定了羊产地的检疫对象、检疫合格标准、检疫程序、检疫文书、检疫结果处理和检疫文书应用。

本规范适用于青海省行政区域内羊的产地检疫。

2 规范性引用文件

下列文件对于本文件的应用是必不可少的。凡是注日期的引用文件，仅注日期的版本适用于本文件。凡是不注日期的引用文件，其最新版本（包括所有的修改单）适用于本文件。

GB/T 16548 病害动物和病害动物产品生物安全处理规程

GB/T 16569 畜禽产品消毒规范

GB/T 18635 动物防疫基本术语

3 检疫对象

口蹄疫、布鲁氏菌病、绵羊痘和山羊痘、炭疽、螨病。

4 检疫合格标准

检疫合格标准：

a）产地未发生相关动物疫情；

b）接种了口蹄疫、绵羊痘病疫苗，并在有效保护期内；

c）养殖档案相关记录和畜禽标识符合规定；

d）临床检查健康；

e）需要进行实验室检测的，检测结果合格。

5 检疫程序和内容

5.1 申报检疫

羊在出售或者运输前，由货主向所在地动物卫生监督机构申报检疫，出售、运输供屠宰、继续饲养的羊提前3天申报检疫，填写动物检疫申报单。

5.2 申报受理

动物卫生监督机构接到检疫申报后，根据当地相关动物疫情情况，决定是否予以受理。受理的，在申报单中确定派出官方兽医以及实施检疫的地点、时间。不予受理的，在申报单中说明理由。

5.3 查验资料及畜禽标识

5.3.1 官方兽医应查验饲养场（养殖区）的动物防疫条件合格证和养殖档案，了解生产、免疫、监测、诊疗、消毒、无害化处理等情况，确认产地6个月内未发生相关动物疫病。调运种羊的，还应查验种畜生产经营许可证。

5.3.2 官方兽医应查验散养户防疫档案，确认动物已按国家规定进行强制免疫，并在有效保护期内。

5.3.3 官方兽医应查验动物畜禽标识加施情况，确认所佩戴畜禽标识与相关档案记录相符。

5.4 临床检查

5.4.1 检查方法

5.4.1.1 群体检查

从静态、动态和食态等方面进行检查。主要检查动物群体精神状况、外貌、呼吸状态、运动状态、饮水饮食、反刍状态、排泄物状态等。

5.4.1.2 个体检查

通过视诊、触诊、听诊等方法进行检查。主要检查动物个体精神状况、体温、呼吸、皮肤、被毛、可视黏膜、胸廓、腹部、体表淋巴结、排泄动作及排泄物性状等。

5.4.2 检查内容

5.4.2.1 出现发热、精神不振、食欲减退、流涎；蹄冠、蹄叉、蹄踵部出现水疱，水疱破裂后表面出血，形成暗红色烂斑，感染造成化脓、坏死、蹄壳脱落、卧地不起；鼻盘、口腔黏膜、舌、乳房出现水疱和糜烂等症状的，怀疑感染口蹄疫。

5.4.2.2 孕畜出现流产、死胎或产弱胎，生殖系统炎症、胎衣滞留，持续排出污灰色或棕红色恶露，以及出现乳腺炎症状；公畜发生睾丸炎、关节炎、滑膜囊炎，偶见阴茎红肿、睾丸和附睾肿大等症状的，怀疑感染布鲁氏菌。

5.4.2.3 出现高热、呼吸增速、心跳加快；食欲废绝，偶见瘤胃膨胀，可视黏膜发绀，突然倒毙；天然孔出血，血凝不良呈煤焦油样，尸僵不全；体表、直肠、口腔黏膜等处发生炭疽痈等症状的，怀疑感染炭疽。

5.4.2.4 羊出现体温升高、呼吸加快；皮肤、黏膜上出现痘疹，由红斑到丘疹，突出皮肤表面，遇化脓菌感染，则形成脓疱继而破溃结痂等症状的，怀疑感染绵羊痘或山羊痘。

5.4.2.5 羊出现精神不定，患处皮肤发红、剧痒，常在木桩和墙上摩擦，皮肤增厚、龟裂、脱毛；绵羊出现全身及局部脱毛，皮肤起痂皮，颈后如干涸的石灰，拟“石灰头”，日渐消瘦，怀疑感染螨病。

5.5 实验室检测

5.5.1 对怀疑患有本规范规定疫病及临床检查发现其他异常情况的，应按相应疫病诊断标准进行实验室检测。

5.5.2 实验室检测须由指定的具有资质的实验室承担，并出具检测报告。

6 检疫处理结果

6.1 经检疫合格的，出具动物检疫合格证明。

6.2 经检疫不合格的，出具检疫处理通知单，并按照有关规定处理。

6.3 临床检查发现患有本规范规定动物疫病的，扩大抽检数量并进行实验室检测。

6.4 发现患有本规范规定检疫对象以外动物疫病、影响动物健康的，或发现不明原因死亡或怀疑为重大动物疫情的，应按照《动物防疫法》《重大动物疫情应急条例》和《动物疫情报告管理办法》的有关规定处理。

6.5 病死动物应在动物卫生监督机构的监督下，由畜主按照GB/T 16548 规定处理。

6.6 羊启运前，动物卫生监督机构须监督畜主或承运人对运载工具进行有效消毒。

7 检疫文书应用

7.1 动物产地检疫文书共有4种，主要用于产地检疫全过程的工作记录。具体有动物检疫申报单（见附录A）、动物产地检疫记录（见附录B）、畜禽标识记录单（见附录C）和检疫处理通知单（见附录D）。

7.2 按动物检疫申报单（185 mm×265 mm）、动物产地检疫记录（210 mm×340 mm）、畜禽标识记录单（297 mm×210 mm）、检疫处理通知单（142 mm×210 mm）规格印刷。

7.3 动物产地检疫文书按照使用说明规范填写和使用。动物检疫申报单在动物卫生监督机构指导下由货主或者畜主填写。畜禽标识记录单与动物检疫合格证明一并使用。

7.4 动物产地检疫记录按照规范填写，用语规范，字迹清楚，数据准确，签字到位。

7.5 检疫文书的记录应保存12个月以上。

附 录 A
（规范性附录）
动物检疫申报单

表 A.1 动物检疫申报单

动物检疫申报单（存根） 编号：	检疫申报受理单（交申报人） 编号：
……以下由申报人填写…… 申报人姓名_____联系电话_____动物、动物产品种类____数量及单位_____用途_____启运时间___月___日，产地县_____乡_____村（场）到达地省（区、直辖市）_____县_____乡_____村（场） 依照《中华人民共和国动物防疫法》规定，现申报疫。 申报人签字（盖章）： 申报时间： 年 月 日 **……以下由动物卫生监督机构填写……** □受理：拟派_____、_____发于____月____日到____________________实施检疫。 □不受理：理由：__________ （动物检疫专用章） 经办人： 年 月 日	申报人姓名： 处理意见： □受理：本所拟于____月____日派员到_______________实施检疫。 □不受理：理由：____。 经办人： 联系电话： （动物检疫专用章） 年 月 日

附 录 B
（规范性附录）
动物产地检疫记录

表B.1 动物产地检疫记录

单位：头、匹、只、羽、公斤

检疫时间	货主姓名	产地	检疫申报单编号	动物种类	用途	检疫数量	检疫情况					检疫结果		官方兽医签名
							本地有无疫情	强制免疫是否在有效期	是否佩带标识	临床检查是否健康	实验室检测是否合格	动物检疫合格证明编号	产地检疫处理通知单编号	

附 录 C
（规范性附录）
畜禽标识记录单

表C.1 畜禽标识记录单

附　录　D
（规范性附录）
检疫处理通知单

表 D.1　检疫处理通知单

<table>
<tr><th>检疫处理通知单（存根）
编号：</th><th>检疫处理通知单（交货主）
编号：</th></tr>
<tr><td>__________（联系电话：　　）：

按照《中华人民共和国动物防疫法》和《动物检疫管理办法》有关规定，你（单位）的__________
____
经检疫不合格，根据__________之规定，决定进行如下处理：
____
____
____

当事人签收（盖章）：　　　年　　月　　日

官方兽医（签名）：　　　年　　月　　日</td><td>__________：
按照《中华人民共和国动物防疫法》和《动物检疫管理办法》有关规定，你（单位）的__________经检疫不合格，根据__________之规定，决定进行如下处理：
____
____
____

当事人签收（盖章）：

联系电话：

官方兽医（签名）：

联系电话：

动物卫生监督所（公章）

年　　月　　日</td></tr>
</table>

ICS 11.220
CCS B 41
备案号:42513—2014

DB63

青　海　省　地　方　标　准

DB63/T 1285—2014

牛、羊泰勒虫病诊断与防治技术规范

2014-06-09发布　　2014-07-01实施

青海省质量技术监督局　发布

前 言

本标准按照GB/T 1.1—2009给出的规则起草。

本规范由青海省农牧厅提出并归口。

本规范由青海省动物疫病预防控制中心起草。

本规范起草人：李静、蔡金山、马睿麟、赵全邦、沈艳丽、李连芳、师德成。

牛、羊泰勒虫病诊断与防治技术规范

1 范围

本规范规定了牛、羊泰勒虫病的诊断、综合防治和控制等技术要求。

本规范适用于青海省境内各种牛、羊泰勒虫病的诊断与防治。

2 规范性引用文件

下列文件对于本文件的应用是必不可少的。凡是注日期的引用文件，仅所注日期的版本适用于本文件。凡是不注日期的引用文件，其最新版本（包括所有的修改单）适用于本文件。

GB/T 16548 畜禽病害肉尸及其产品无害化处理规程

GB/T 18635—2002 动物防疫 基本术语

SN/T 1678 梨形虫病病原鉴定方法

SN/T 2685—2010 泰勒氏焦虫检疫规范

DB63/T 628—2013 牛屠宰检疫技术规范

DB63/T 1185—2013 羊屠宰检疫技术规范

《动物检疫管理办法》

3 定义和术语

下列术语和定义适用于本标准。

3.1 泰勒虫病

指由泰勒科（Theileriidae）泰勒属（Theileria）的多个种类泰勒虫寄生于牛、羊的巨噬细胞、淋巴细胞和红细胞内所引起的疾病的总称。

3.2 中间宿主

是指寄生虫的幼虫或无性生殖阶段所寄生的宿主。

3.3 传播媒介

通常是指在脊椎动物宿主间传播寄生虫病的一种低等动物，更常指的是传播血液原虫的吸血节肢动物。

3.4 裂殖体

寄生于巨噬细胞和淋巴细胞内进行裂体增殖所形成的多核虫体，也称石榴体或科赫氏兰体。

3.5 驱虫

应用药物驱除、杀灭宿主动物体内和外界相通脏器中的寄生虫。

4 诊断

4.1 临床诊断

4.1.1 调查疫病发生地是否曾有过泰勒虫病流行史。

4.1.2 牛、羊等动物体表有蜱寄生或蜱叮咬的痕迹。

4.1.3 体温高达40 ℃～41 ℃，呈稽留热，心跳加快，心律不齐，呼吸急促，呼吸83次/分～103次/分，脉搏72次/分～110次/分，体态消瘦。

4.2 病理变化

4.2.1 剖检病畜可见视黏膜贫血、黄疸，血液稀薄、颜色发黄、凝固不全，皮下脂肪呈黄色冻胶样，皮下组织充血、黄染、水肿。

4.2.2 脾脏肿大2倍～3倍，软化，脾髓呈暗红色，在剖面上可见小梁突出呈颗粒状；肝脏肿大，黄棕色；胆囊扩张，胆汁浓，呈灰黄色；心内外膜、肾均有不同程度的出血点；心包积液，胃内容物干燥，胃黏膜苍白，有少量出血点。

4.2.3 组织学观察淋巴结普遍有充血、出血、渗出及坏死；充血明显者，毛细血管高度扩张，内皮细胞肿胀或脱落，管壁疏松或破损，有大量浆液、纤维素和红细胞渗出，有的还有微血栓；脾脏鞘毛细血管周围的网状细胞肿胀，有的坏死、溶解。

4.3 流行特点

4.3.1 牛、羊泰勒虫病以区域性流行，并呈多点散发状态。

4.3.2 发生于春末夏初。

4.3.3 泰勒虫病感染黄牛、牦牛、绵羊、山羊等家畜。

4.3.3.1 各种年龄的牛、羊对泰勒虫病均易感。

4.3.3.2 2岁以内的幼年牛、羊发病率高于成年牛、羊。

4.3.3.3 幼年牛、羊死亡率高于成年牛、羊。

4.3.4 牛、羊泰勒虫病的传播媒介是璃眼蜱、扇头蜱、血蜱等，在青海主要为青海血蜱。

4.4 实验室检测

4.4.1 显微镜镜检

4.4.1.1 样品采集

4.4.1.1.1 疑似动物从尾尖或耳尖部采血，以采集第一滴血制作血片最佳。

4.4.1.1.2 病死动物采样，死亡时间不超过24 h，采集样品包括蹄冠、耳朵及尾尖的外周血以及淋巴液、肾、肝和骨髓等组织样品。

4.4.1.2 制片、染色

4.4.1.2.1 薄血膜的制作

在洁净的玻片近左端滴1滴血液，用推片蘸取少量血液，再从载玻片近右端处推出血膜，空气干燥后，用甲醛固定1分钟，再用10%姬姆萨染液染色20分钟～30分钟。

4.4.1.2.2 脏器涂片的制作

用1块洁净的玻片轻触脏器表面的新鲜切面或者以2块洁净的玻片轻轻夹住1小块组织，纵向推压玻片，使两玻片都留下一层组织。待涂片风干后，用甲醛固定5分钟，再用10%姬姆萨染液染色20分钟～30分钟。

4.4.1.2.3 淋巴液涂片制作

用注射器抽取的淋巴液推至载玻片上，再用针头抹开，制成涂片。待涂片风干后，用甲醛固定5分钟，再用10%姬姆萨染液染色20分钟～30分钟。

4.4.1.2.4 结果判定

血膜片显微镜下见环形、椭圆形、短杆形、逗点形、钉子形、圆点形等各种形态虫体，或在脏器涂片和淋巴液涂片中见裂殖体，即可确诊泰勒虫病。

4.4.2 酶联免疫吸附试验

4.4.2.1 设备、材料和试剂

离心机、高压灭菌器、水浴锅、冰箱、洗板机、酶标仪。

4.4.2.2 样品的采集与准备

4.4.2.2.1 实验中将用到血清或血浆（加EDTA或柠檬酸钠抗凝），如果样品在采集后5天内检测，可贮存于2 ℃～8 ℃的环境下，超过5天，将样品贮存于-20 ℃～70 ℃的环境中，冻存样品，使用前必须将样品先融化。避免反复冻融。

4.4.2.2.2 组织样品：根据要求称取重量，加入一定量的PBS，pH7.4。用液氮迅速冷冻保存备用。样品融化后仍然保持2 ℃～8 ℃的温度。加入一定量的PBS（pH7.4），用手工或匀浆器将样品匀浆充分，离心20分钟左右（2000转/分～3000转/分），仔细收集上清液。

4.4.2.3 操作步骤（详见附录A）。

5 防治措施

5.1 预防

5.1.1 避蜱放牧

根据蜱的生活特性确定防治周期。形成区域防治，在青海血蜱侵袭牛、羊阶段，调剂草场，避开蜱流行区放牧。

5.1.2 灭蜱

5.1.2.1 在青海血蜱侵袭牛、羊时，使用0.075‰的溴氰菊酯喷雾畜体，以滴水为准，隔15天～20天喷雾1次。

5.1.2.2 在青海血蜱侵袭牛、羊时，使用0.3 mg/kg剂量的阿维菌素类药物注射或口服，每隔10天投药1次。

5.1.3 在发病季节开始时。每隔15天用贝尼尔预防注射1次。

5.2 治疗

5.2.1 泰勒病的治疗原则是以杀灭血液原虫为主，加强营养为辅。

5.2.2 治疗药物

发生泰勒虫病疫情时，可用贝尼尔进行治疗，也可使用锥黄素、盐酸咪唑苯脲等治疗。

5.3 检疫

加强检疫，对疫区、疑似疫区动物及其产品严禁入境。

附 录 A
（规范性附录）
酶联免疫吸附试验步骤

A.1 设备、材料和试剂

离心机、高压灭菌器、水浴锅、冰箱、洗板机、酶标仪。

A.2 实验原理

采用双抗体夹心酶联免疫法测定牛、羊焦虫。用纯化的焦虫抗体包被微孔板，制成固相抗体，可与样品中焦虫抗原相结合，经洗涤除去未结合的抗体和其他成分后再与辣根过氧化物酶（HRP）标记的焦虫抗体结合。形成抗体-抗原-酶标抗体复合物，经过彻底洗涤后加底物TMB显色。TMB在HRP酶的催化下转化成蓝色，并在酸的作用下转化成最终的黄色。用酶标仪在450 nm波长下测定吸光度（OD值），与临界值（cut off值）相比较，从而判定标本中焦虫的存在与否。

A.3 样品的采集与准备

A.3.1 实验中将用到血清或血浆（加EDTA或柠檬酸钠抗凝），如果样品在采集后5天内检测，可将样品贮存于2 ℃～8 ℃的环境下，如果要贮存更长时间，则样品必须贮存于-20 ℃～70 ℃的环境中。如果样品冻存了，使用前必须将样品先融化。避免反复冻融。

A.3.2 组织样品：称取重量，加入一定量的PBS（pH7.4）。用液氮迅速冷冻保存备用。样品融化后仍然保持2 ℃～8 ℃的温度。加入一定量的PBS（pH7.4），用手工或匀浆器将样品匀浆充分，离心20分钟左右（2000转/分～3000转/分），仔细收集上清液。

A.4 操作步骤

A.4.1 编号：将样品对应微孔板，按序号编号，每板应设阴性对照2孔、阳性对照2孔、空白对照1孔（空白对照孔不加样品及酶标试剂，其余各步操作相同）。

A.4.2 加样：分别在阴、阳性对照孔中加入阴性对照、阳性对照50 μL。然后在待测样品孔先加样品稀释液50 μL，然后再加待测样品10 μL。

A.4.3 温育：用封板膜封板后置37 ℃温育箱30分钟。

A.4.4 配液：将30（48 T的20倍）倍浓缩洗涤液加蒸馏水至600 mL后备用。

A.4.5 洗涤：小心揭掉封板膜，弃去液体，甩干，每孔加满洗涤液，静置30秒后弃去，如此重复5次，甩干。

A.4.6 加酶：每孔加入酶标试剂50 μL，空白孔除外。

A.4.7 温育：操作同A.4.3。

A.4.8 洗涤：操作同A.4.4。

A.4.9 显色：每孔先加入50 μL显色剂A，再加入50 μL显色剂B，轻轻震荡混匀，37 ℃避光显色15分钟。

A.4.10 终止：每孔加终止液50 μL，终止反应。

A.4.11 测定：以空白孔调零，450 nm波长依序测量各孔的吸光度（OD值）。测定应在加终止液后15分钟以内进行。

A.5 结果判定

A.5.1 试验有效性：阳性对照孔平均值≥1.00；阴性对照孔平均值≤0.10。

A.5.2 临界值（cut off值）计算：临界值=阴性对照孔平均值+0.15。

A.5.3 阴性判定：样品OD值<临界值者为焦虫阴性。

A.5.4 阳性判定：样品OD值≥临界值者为焦虫阳性。

ICS 11.220
CCS B 41
备案号:42515—2014

DB63

青海省地方标准

DB63/T 1287—2014

羊链球菌病防治技术规范

2014-06-09发布　　2014-07-01实施

青海省质量技术监督局　发布

前　言

本规范按照GB/T 1.1—2009给出的规则起草。

本规范由青海省农牧厅提出并归口。

本规范由青海省动物疫病预防控制中心起草。

本规范起草人：沈艳丽、马睿麟、蔡金山、胡广卫、李静、赵全邦、郭春兰、盛宗华。

羊链球菌病防治技术规范

1 范围

本规范规定了羊链球菌病的临床诊断、病理剖检、病原学诊断、防治措施等技术。本规范适用于羊链球菌病的诊断和防治。

2 规范性引用文件

下列文件对于本文件的应用是必不可少的。凡是注日期的引用文件，仅注日期的版本适用于本文件。凡是不注日期的引用文件，其最新版本（包括所有的修改单）适用于本文件。

GB/T 16548 病害动物和病害动物产品生物安全处理规程

3 定义和术语

3.1 羊链球菌病

是C群羊源兽疫链球菌引起的一种急性、热性、败血性的传染病，主要发生于绵羊、山羊，其特征是全身性出血性败血症、浆液性肺炎及纤维素性胸膜肺炎。

3.2 临床诊断

通过临床观察和检查对病例的病性和病情做出判断。

3.3 病理检查

对动物（尸）体进行解剖检查和组织学检查，以发现其病理学变化，作为疾病诊断的依据之一。

3.4 实验室诊断

采取病料，进行病原培养、动物试验，做出诊断结果。

3.5 生化试验

细菌产生的酶系不同， 对底物的分解能力不同，其代谢产物也不同。用生物化学方法测定这些代谢产物，可用来鉴定细菌，这种生化反应测定方法也称生化试验。

3.6 无害化处理

用物理、化学或生物学等方法处理带有或疑似带有病原体的动物尸体、动物产品或其他物品，达到消灭传染源，切断传染途径，破坏毒素，保障人畜健康安全。

4 诊断

4.1 临床诊断

4.1.1 急性型病程：病初体温升高，食欲减退或废绝，反刍停止，鼻液呈浆液性或脓性，咽喉肿胀，颌下淋巴结肿大，呼吸困难，咳嗽。眼结膜充血潮红、流泪或流出浓汁，孕羊流产。

4.1.2 慢性型病程：食欲缺乏，消瘦，步态僵硬，出现咳嗽或关节炎。

4.2 病理剖检

4.2.1 病羊主要脏器广泛性出血，并呈弥漫状态，浆膜面常覆有黏稠、丝状的纤维素样物质。

4.2.2 淋巴结肿大、出血、坏死。

4.2.3 鼻、咽喉、气管黏膜出血；肺水肿、气肿，肺实质出血，呈大叶性肺炎。

4.2.4 肝脏肿大，表面有少量出血点；胆囊肿大，胆汁外渗。

4.2.5 肾脏肿胀、质脆、变软。

4.2.6 大网膜、肠系膜有出血点。

4.3 病原学诊断

4.3.1 形态与染色

采集病死羊肝、肾、肺组织涂片，用瑞特氏染色后镜检，可见成双、链状或单个存在的链球菌，偶见短链排列，无芽孢，有的可形成荚膜。

4.3.2 分离培养

4.3.2.1 取病死羊肝、肾、肺等组织样品划线接种于鲜血琼脂，置36 ℃～37 ℃环境中培养24小时。在鲜血琼脂上形成露滴状细小、灰白色、有光泽、透明湿润、黏稠的菌落，菌落周围有明显的β型溶血区，取菌落涂片镜检，可见呈短链状排列的革兰氏阳性球菌。

4.3.2.2 在普通肉汤中培养生长缓慢，呈中度浑浊；在厌氧肉肝汤中生长良好；在血清肉汤中培养24小时～48小时，轻微浑浊，在管底很快形成黏稠沉淀，上部变为透明，取菌液涂片镜检，可见多数长链状排列的革兰氏阳性链球菌。

4.3.3 生化试验

本菌能发酵葡萄糖、乳糖、麦芽糖、半乳糖、山梨醇，产酸不产气，不发酵菊糖、鼠李糖、杨苷。

4.3.4 动物接种试验

4.3.4.1 将病料制成5倍～10倍生理盐水悬液或血清肉汤24 h培养物，经稀释后，接种家兔和小鼠，剂量为兔腹腔注射1 mL～2 mL，小鼠皮下注射0.2 mL～0.3 mL。

4.3.4.2 接种后的家兔于12小时～26小时死亡；小鼠于18小时～24小时死亡。

4.3.4.3 死后采心血、腹水、肝、脾抹片镜检，见有大量单个、成对或3个～5个菌体相连的革兰氏阳性链球菌。

5 防治措施

5.1 预防

5.1.1 在常发地区或曾经发生流行的地区，每年春季，用羊败血性链球菌活疫苗进行预防接种，6月龄以上羊每只皮下注射1 mL，免疫期12个月。

5.1.2 保持羊圈及场地清洁，全场用10%的石灰乳或3%的来苏儿严格消毒，粪便堆积发酵。

5.1.3 对患病羊应立即隔离。

5.1.4 对病死羊立即进行尸体深埋等无害化处理。

5.1.5 对发病地区的易感羊可用青霉素1.5 mg/kg，连用5天，同时用磺胺嘧啶6 g加适量水后喂服。

5.1.6 坚持自繁自养，勿从疫区调入羊只；购进羊肉或毛皮产品时，应加强防疫检疫工作。

5.2 治疗

5.2.1 发病后，对病羊和可疑羊分别隔离治疗。

5.2.2 早期用青霉素30万～60万IU（国际单位）肌注，1次/天，连用3天，青霉素类药物也可使用；或肌注10 mL磺胺嘧啶钠，1次/天，连用3天。

5.2.3 病情严重的用5%葡萄糖盐水500 mL、安钠咖5 mL、维生素C 5 mL、地塞米松10 mL，静脉滴注，2次/天，连用3天。

ICS 65.020.30
CCS B 41
备案号:44872—2015

DB63

青 海 省 地 方 标 准

DB63/T 1373—2015

家畜布鲁氏菌病防控技术规范

2015-02-09发布 2015-03-15实施

青海省质量技术监督局 发布

前 言

本标准的编写符合GB/T 1.1—2009给出的规则。

本标准由青海省农牧厅提出并归口管理。

本标准由青海省动物疫病预防控制中心起草。

本标准起草人：傅义娟、王生祥、王云平、林元清、都占林、李秀英、师德成、张秀娟、张晓英。

家畜布鲁氏菌病防控技术规范

1 范围

本规范规定了家畜布鲁氏菌病的诊断、疫情报告、疫情处置、预防与控制措施。本规范适用于家畜布鲁氏菌病的预防和控制。

2 规范性引用文件

下列文件对于本文件的应用是必不可少的。凡是注日期的引用文件，仅所注日期的版本适用于本文件。凡是不注日期的引用文件，其最新版本（包括所有的修改单）适用于本文件。

GB/T 16548 病害动物和病害动物产品生物安全处理规程

GB/T 18646.2 动物布鲁氏菌病诊断技术 虎红平板凝集试验

GB/T 18646.3 动物布鲁氏菌病诊断技术 乳牛布病全乳环状试验

GB/T 18646.4 动物布鲁氏菌病诊断技术 动物布病试管凝集试验

GB/T 18646.5 动物布鲁氏菌病诊断技术 动物布病补体结合试验

NY/T 1467 奶牛布鲁氏菌病PCR诊断技术

3 诊断

3.1 流行特点

本病能侵害多种家畜、野生动物和人类，家畜中牛、羊、猪最易感。母畜比公畜、成年畜比幼年畜发病多。最危险的传染源是妊娠母畜，它们在分娩或流产时，随流产胎儿和胎衣排出大量病菌。消化道、呼吸道、生殖道是主要的感染途径，也可通过损伤的皮肤、黏膜等感染。从事养殖、屠宰、畜产品加工人员，以及兽医、实验室检测人员等的感染发病率明显高于其他职业人员。

3.2 临床症状

最显著的症状是怀孕母畜发生流产，流产可发生在妊娠的任何时期。常见胎衣滞留和子宫内膜炎，从阴道排出恶臭分泌物。公畜常见阴茎潮红肿胀，发生睾丸炎及附睾炎。关节炎也较常见，表现为关节肿胀疼痛，躺卧不起。

3.3 病理变化

成年病畜主要表现为生殖器官的炎性坏死；淋巴结、脾、肝、肾等器官形成特征性肉芽肿、关节炎病变等。流产胎儿主要呈败血症病变。

3.4 实验室诊断

3.4.1 血清学诊断

3.4.1.1 初筛试验

3.4.1.1.1 虎红平板凝集试验（RBPT）

虎红平板凝集试验按GB/T 18646.2进行。

3.4.1.1.2 全乳环状试验（MRT）

全乳环状试验按GB/T 18646.3执行。

3.4.1.2 正式试验

3.4.1.2.1 试管凝集试验（SAT）

试管凝集试验按GB/T 18646.4执行。

3.4.1.2.2 补体结合试验（CFT）

补体结合试验按GB/T 18646.5执行。

3.4.2 病原学诊断

3.4.2.1 细菌学检测

取流产胎儿胃内容物，肝、脾、淋巴结等组织；流产家畜阴道分泌物等，进行实验室布鲁氏菌分离、培养和鉴定。

3.4.2.2 PCR 检测

PCR检测方法见NY/T 1467。

4 疫情报告

按《中华人民共和国动物防疫法》第三章第二十六条的规定执行。疫情确诊后，由县（市）级动物疫病预防控制机构通过“全国动物疫病监测和疫情信息系统”上报疫情。

5 疫情处置

5.1 隔离饲养

疫情确诊前，对可疑家畜进行隔离，限制家畜及其产品移动，对周围环境进行消毒。

5.2 扑杀及无害化处理

疫情确诊后，扑杀患病家畜。对病畜尸体及其流产胎儿、胎衣、排泄物、乳、乳制品等按照GB /T 16548的要求进行无害化处理。

5.3 疫情追溯

开展流行病学调查和疫源追踪，对同群畜采样进行检测，检测方法按本规范3.4进行。

5.4 消毒

对病畜和阳性畜污染的场所、用具、物品等进行严格消毒。饲养场的金属设施、设备可用火焰消毒；圈舍采用密闭熏蒸消毒；场地、车辆可选用3%氢氧化钠溶液、10%漂白粉等有效消毒药消毒；饲料、垫料可深埋发酵或焚烧处理；粪便可堆积密封发酵消毒。皮毛用环氧乙烷、福尔马林熏蒸消毒。

6 预防与控制

6.1 免疫

需要免疫时，对除乳畜和种畜外的其他易感动物进行免疫。对已免疫家畜实施耳标佩戴，同时做好免疫档案，防止免疫畜交易串换而干扰未免疫地区布鲁氏菌病的血清学监测。

6.2 监测

6.2.1 划区依据

根据近几年各县（市）畜间临床疫情发生情况和血清学监测阳性率情况，以行政县（市）为单位，将各县（市）划分为四个区，即未控制区、控制区、稳定控制区和净化区。

6.2.1.1 未控制区

临床有布鲁氏菌病疫情发生或血清学监测阳性率 > 0.5% 或实施免疫的地区。

6.2.1.2 控制区

连续2年无临床病例，且血清学监测阳性率≤0.5% 的地区。

6.2.1.3 稳定控制区

连续2年无临床病例，且血清学监测阳性率≤0.1% 的地区。

6.2.1.4 净化区

连续2年无临床病例，且血清学抽检全部为阴性的地区。

6.2.2 防控措施

未控制区和控制区实行免疫、监测和扑杀相结合的综合防治措施，稳定控制区和净化区以监测净化为主，同时加强对流通牲畜的检疫监管，逐步实现从未控制区—控制区—稳定控制区—净化区过渡。

6.2.3 监测范围及数量

6.2.3.1 未控制区

6.2.3.1.1 监测范围

对非免疫家畜进行监测，一年至少监测一次。每县（市）抽检50%的乡镇，每个乡镇抽检10个村社，每个村社抽检散养户10户以上；规模场（户）每县（市）至少抽检10个以上。

6.2.3.1.2 监测数量

对乳畜和种畜全部监测。对其他家畜，每县（市）每年至少抽检牛、羊各3 000头（只）以上。及时扑杀病畜和阳性畜，并进行无害化处理。

6.2.3.2 控制区

6.2.3.2.1 监测范围

对成年畜进行监测，一年至少监测一次。每县（市）抽检30%的乡镇，每个乡镇抽检10个村社，每个村社抽检散养户10户以上；规模场（户）每县（市）至少抽检8个以上。

6.2.3.2.2 监测数量

对乳畜和种畜按 50%比例监测。对其他家畜，每县（市）至少监测牛、羊各2 000头（只）以上。及时扑杀病畜和阳性畜，并进行无害化处理。

6.2.3.3 稳定控制区

6.2.3.3.1 监测范围

对成年畜进行监测，一年至少监测一次。每县（市）抽检20%的乡镇，每个乡镇抽检10个村社，每个村社抽检散养户10户以上；规模场（户）每县（市）至少抽检5个以上。

6.2.3.3.2 监测数量

对乳畜和种畜按30%比例监测。对其他家畜，每县（市）至少监测牛、羊各1 000头（只）以上。及时扑杀病畜和阳性畜，并进行无害化处理。

6.2.3.4 净化区

6.2.3.4.1 监测范围

对成年畜进行监测，一年至少监测一次。每县（市）抽检10%的乡镇，每个乡镇抽检10个村社，每个村社抽检散养户10户以上；规模场（户）每县（市）至少抽检3个以上。

6.2.3.4.2 监测数量

对乳畜和种畜按10%比例监测。对其他家畜，每县（市）至少监测牛、羊各500头（只）以上。

6.3 检疫

禁止从疫区调运家畜。异地调运的家畜，要有检疫合格证明。调入后应隔离饲养至少30天，经检疫合格后方可混群。

ICS 65.020.30
CCS B 41
备案号:54963—2017

DB63

青海省地方标准

DB63/T 1549—2017

绵羊痘防控技术规范

2017-03-17发布　　2017-06-17实施

青海省质量技术监督局　发布

前 言

本规范的编写符合GB/T 1.1—2009给出的规则。

本规范由青海省农牧厅提出并归口。

本规范起草单位：青海省动物疫病预防控制中心。

本规范主要起草人：傅义娟、杨毅青、张志平、王云平、林元清、炊文婷、张沛、李双、吕建军、师德成、曾占壕、李国平、李永霞、张秀娟。

绵羊痘防控技术规范

1 范围

本规范规定了绵羊痘的诊断方法、预防措施和控制措施。

本规范适用于绵羊痘的预防和控制。

2 规范性引用文件

下列文件对于本文件的应用是必不可少的。凡是注日期的引用文件，仅所注日期的版本适用于本文件。凡是不注日期的引用文件，其最新版本（包括所有的修改单）适用于本文件。

GB/T 16548 病害动物和病害动物产品生物安全处理规程

GB/T 16567 种畜禽调运检疫技术规范

NY/T 576 绵羊痘和山羊痘诊断技术

DB63/T 1184 羊产地检疫技术规范

DB63/T 1269 动物疫病监测样品采集、保存及运送技术规范

3 术语和定义

下列术语和定义适用于本文件。

3.1 疫情报告

按照政府规定，兽医和有关人员及时向上级领导机关所作的关于疫病发生、流行情况的报告。

3.2 流行病学调查

对疫病或其他群发性疾病的发生、分布、发展过程、原因及自然和社会条件等相关影响因素进行的系统调查，以查明疫病发展趋向和规律，评估防治效果。

3.3 疫点

发生疫病的自然单位（圈、舍、场、村），在一定时期内成为疫源地。

3.4 疫区

疫病暴发或流行所波及的区域。

3.5 受威胁区

与疫区相邻并存在该疫区疫病传入风险的地区。

4 诊断

4.1 流行特点

本病主要通过呼吸道感染，也可通过损伤的皮肤或黏膜感染。饲养人员以及被污染的用具、皮毛产品、饲料、垫草等均可成为传播媒介。该病传播快、死亡率高。所有品种、性别和年龄的绵羊均可感染。妊娠母羊易引起流产。本病主要在冬末春初流行，气候严寒、饲养管理不良等因素有助于本病的发生。

4.2 临床特征

病羊体温升高至41 ℃～42 ℃，食欲减少，精神不振，有浆液或脓性分泌物从鼻孔流出。痘疹多发生于皮肤少毛部分，如唇、鼻、颊、四肢和尾内侧、乳房等。开始为红斑，1天～2天后形成丘疹，突出皮肤表面，随后丘疹逐渐增大，变成灰白色或淡红色，有半球状的隆起结节。结节在几天之内变成水疱，如果无继发感染，则在几天内干燥变成棕色痂块。痂块脱落遗留一个红斑，以后颜色逐渐变淡。

4.3 剖检变化

特征性病变是在咽喉、气管、肺和第四胃等部位出现痘疹。在食道、胃肠等黏膜上出现大小不同的扁平的灰白色痘疹，其中有些表面破溃形成糜烂和溃疡。气管黏膜及其他实质器官，如心脏、肾脏等黏膜或包膜下形成灰白色扁平或半球状的结节。肺的病变多发生在表面，切面质地均匀、坚硬。

4.4 实验室诊断

4.4.1 样品采集

样品采集及保存方法参照DB63/T 1269的规定执行。

4.4.2 病原学诊断

包涵体检查按照NY/T 576的规定执行。

4.4.3 血清学诊断

中和试验按照NY/T 576的规定执行。

5 预防措施

5.1 散养户预防措施

5.1.1 加强饲养管理，冬春季节适当补饲，做好防寒保暖，减少应激因素，提高羊只抵抗力。

5.1.2 对羊只定期进行免疫接种，并填写免疫卡。

5.2 规模场预防措施

5.2.1 场区门口设置消毒池或喷雾消毒设施用于车辆消毒，生产区门口设置人员消毒设施，本场兽医、饲养人员等出入生产区均应严格消毒。

5.2.2 定期清理羊粪，进行堆积发酵或及时转运。

5.2.3 对病死羊只及其排泄物禁止随意丢弃，按照GB/T 16548的规定进行无害化处理。

5.2.4 建立严格的卫生消毒制度，定期对羊舍、周围环境及用具进行消毒，做到圈舍清洁，料槽、水槽等用具洁净。

5.2.5 根据养殖场实际，制定绵羊痘免疫程序，严格开展免疫接种，建立免疫档案。

5.2.6 外购种羊及其他羊只的检疫隔离工作按GB/T 16567和DB63/T 1184的规定执行。

6 控制措施

6.1 疫情报告

按照国家有关规定及时上报疫情。

6.2 疫情处理

6.2.1 划定疫点、疫区和受威胁区

6.2.1.1 疫点指病羊所在的地点。

6.2.1.2 疫区指由疫点边缘外延3公里范围内的区域。

6.2.1.3 受威胁区指疫区边缘外延5公里范围内的区域。

6.2.2 封锁

报请县级以上人民政府对疫区进行封锁。封锁期间，禁止染疫、疑似染疫羊只及其产品流出疫区。

6.2.3 扑杀及无害化处理

对疫点内的病羊及同群羊进行扑杀，对病死羊、扑杀羊及其产品按照GB/T 16548的规定进行无害化处理；对被污染的饲料、垫料等通过焚烧、密封堆积发酵等方式进行无害化处理。

6.2.4 紧急免疫

遵循从受威胁区到疫区的顺序，对疫区和受威胁区内的所有易感羊进行紧急免疫接种，并建立免疫档案。

6.2.5 紧急流行病学调查

对可能存在的传染源，以及在疫情潜伏期和发病期间售出的羊只及其产品立即开展紧急流行病学调查，发现病羊立即按照GB/T 16548的规定进行无害化处理。

6.2.6 解除封锁令

疫点内所有病死羊、被扑杀的同群羊及其产品按规定处理21天后，对有关场所和物品进行彻底消毒，报请原发布封锁令的人民政府发布解除封锁令。

6.3 记录归档

对处理疫情的全过程以文字、照片、影像等做好详细的记录，并归档长期保存。

ICS 11.220
CCS B 41
备案号:80950—2021

DB63

青 海 省 地 方 标 准

DB63/T 1911—2021

畜间包虫病防治效果评估技术规范

2021-05-20发布 2021-06-20实施

青海省质量技术监督局 发布

前 言

本文件按照GB/T 1.1—2020《标准化工作导则　第1部分：标准化文件的结构和起草规则》的规定起草。

本文件由青海省农业农村厅提出并归口。

本文件起草单位：青海省动物疫病预防控制中心。

本文件起草人：胡广卫、蔡金山、赵全邦、张志平、沈艳丽、李静、解秀梅、翟卫红、王晓润、黄文颖、黄龙。

本文件由青海省农业农村厅监督实施。

畜间包虫病防治效果评估技术规范

1 范围

本文件规定了畜间包虫病防治效果评估的组织实施、评估方法、评估内容、结果判定与应用等技术要求。本文件适用于畜间包虫病防治效果评估。

2 规范性引用文件

下列文件中的内容通过文中的规范性引用而构成本文件必不可少的条款。其中，注日期的引用文件，仅该日期对应的版本适用于本文件；不注日期的引用文件，其最新版本（包括所有的修改单）适用于本文件。

WS/T 664 包虫病控制

DB63/T 1652 病害动物及病害动物产品无害化处理技术规程

3 术语和定义

下列术语和定义适用于本文件。

3.1 包虫病

又称棘球蚴病，是棘球属绦虫的幼虫寄生于人和动物的肝脏、肺脏等组织器官引起的人兽共患寄生虫病。

3.2 评估

专业机构或人员，根据特定目的，遵循评估原则，依照相关程序，运用科学方法，对某地区畜间包虫病的防治进行评价、估算，并发表专业意见的行为和过程。

4 组织实施

成立评估领导小组与工作组：

——评估领导小组：全面负责评估工作，对评估工作程序与进展进行跟踪检查与督导；

——工作组：包括联络员与技术人员，技术人员负责评估工作的技术环节，包括设计问卷、完成评估报告，联络员不参与评估，具体负责协调与保障工作。

5 评估方式

采用核查资料、现场抽查、实验室检测、问卷调查和现场考核等方式，定量评估和定性评估相结合，综合开展评估工作。

6 评估内容

评估内容包括组织管理和技术措施两部分，其中组织管理20分，技术措施80分，总分为100分。评估过程中应根据实际情况填写畜间包虫病防治工作评估表（见附录A），赋予相应的分值。

7 评估指标

7.1 组织管理

7.1.1 应成立畜间包虫病防治工作领导小组；将畜间包虫病防治工作纳入年度目标考核范围。

7.1.2 对包虫病防治成员单位进行职责分工；各部门应完成职责范围内工作；应召开专题会议研究包虫病工作；应组织包虫病督导检查、听取各部门汇报；本地区包虫病防治经费的投入情况。

7.1.3 有畜间包虫病防治工作方案或计划、工作总结等；防治信息按时上报；兽医实验室应配备超低温冰箱等；有规范、完整的包虫病防治专项档案；应开展包虫病检测工作；完成每年包虫病监测任务。

7.2 技术措施

7.2.1 个人防护

应购买包虫病防护设备和用品，个人防护用品应完备并发放到包虫病防治工作人员，包虫病防治过程中应进行个人防护知识的培训。

7.2.2 犬只管理

7.2.2.1 流浪犬的管理。查看流浪犬处置情况，记录被评估区域内流浪犬的数量（从进入该区域到离开，检查人员累计记录见到的流浪犬）。

7.2.2.2 家犬规范登记管理。包括家犬登记、建档情况，计算家犬规范登记管理率（规范登记管理家犬数量/本地区家犬总数×100%）。

7.2.2.3 驱虫药的管理。驱虫药的发放记录、出入库和保存情况。

7.2.2.4 犬驱虫。查看犬一年内的驱虫情况，计算犬驱虫覆盖率（驱虫犬只数/本地区登记犬只总数×100%）。

7.2.2.5 驱虫后犬粪无害化处理。应对驱虫后5天内的犬粪进行深埋、焚烧等无害化处理。具备无害化处理设施或场所，有无害化处理记录。

7.2.2.6 犬驱虫效果评价。应完成每年的犬驱虫效果评价工作，并开展追溯和补充性驱虫工作。

7.2.3 家畜免疫

7.2.3.1 疫苗管理。查看疫苗的签收发放记录、保存和使用情况等。

7.2.3.2 家畜免疫密度。查阅家畜免疫记录，计算家畜免疫密度（免疫家畜数/应免家畜数×100%）。

7.2.3.3 免疫效果评价工作。应开展家畜免疫效果评价工作，并开展追溯和补免工作。

7.2.4 检疫监督

7.2.4.1 应进行定点屠宰。

7.2.4.2 定点屠宰场所有规范的包虫病检疫记录。

7.2.4.3 定点屠宰场所应配备无害化处理设施、设备。

7.2.4.4 应对自宰自食过程中病变脏器进行无害化处理。

7.2.5 灭鼠

应开展居民定居点及周边1公里半径范围内灭鼠工作，有灭鼠工作档案。

7.2.6 宣传培训

7.2.6.1 防控知识宣传

应开展畜间包虫病宣传工作，包括在公共场所、村社、学校、寺院等区域进行宣传；通过当地电视台或报纸等媒体进行宣传。设计调查问卷（其中包虫病常识类题目不应少于50%，包虫病防治类题目不应少于30%）。进行包虫病防治知识知晓情况调查，计算人群防治知识知晓率（被调查者合计答对题目总数/被调查者应答题目总数×100%），调查对象中应包括县、乡、村级干部、小学生、农牧民和宗教教职人员，总人数不应少于40人。

7.2.6.2 专业技术人员培训

有专业技术人员培训计划，并开展培训工作。以县（市）为单位，调查兽医技术人员包虫病防治知识和技能培训情况，设计试卷（其中包虫病基础知识类和包虫病防治类题目各占50%）进行现场测试，计算合格率，测试对象应包括县、乡两级兽医技术人员，总人数不应少于20人。

7.2.6.3 村级防疫员培训

有针对村级防疫员的培训计划，并开展村级防疫员培训工作。以县（市）为单位，调查村级防疫员包虫病防治知识和技能培训情况，总人数不应少于20人，设计试卷（其中包虫病基础知识类和包虫病防治类题目分别不应少于40%）进行现场测试，计算合格率（合格人数/被测试人数×100%）。

7.2.7 犬棘球绦虫感染检测

7.2.7.1 犬粪抗原检测

以县（市）为单位，每个县（市）随机抽取2个乡（镇），每乡（镇）随机采集至少25份犬粪，每户只能采集一份犬粪，被采样犬只应均匀分布在50%以上的所辖村，合计50份，进行犬粪抗原检测并计算犬粪抗原阳性率（阳性数/检测数×100%）。

7.2.7.2 犬剖检

每县（市）随机抽取至少10条犬进行剖检，10条犬应分布在2个以上的乡（镇），检查和计算犬棘球绦虫感染率，算法参照WS/T 664执行。

7.2.8　家畜包虫病检测

7.2.8.1　羊包虫病免疫抗体检测

以县（市）为单位，每个县（市）随机抽取2个乡（镇），每个乡（镇）采集40份经过包虫病免疫羊的血清，合计80份，检测免疫抗体后计算免疫抗体合格率。

7.2.8.2　牛、羊脏器包虫调查

以县（市）为单位，于屠宰季节在当地屠宰场现场抽查当地繁育的羊50只以上、牛25头以上，计算家畜患病率。没有屠宰场的县（市）于屠宰季节在当地现场抽查当地繁育的羊30只以上、牛15头以上，计算家畜包虫病患病率（患病家畜数/被检查家畜数×100%）。发现有包囊的脏器，应按照DB63/T 1652的要求进行无害化处理。

7.2.9　人群患病调查

以县（市）为单位，查阅近3年该地区人群患病率的变化情况。

8　结果判定与应用

8.1　根据评估得分情况对评估结果进行判定：

——总分在90分及以上，且组织管理单项得分不低于15分为优秀；

——总分在80分及以上，且组织管理单项得分不低于12分为良好；

——总分在70分及以上，且组织管理单项得分不低于10分为合格；

——总分在60分及以上，且组织管理单项得分不低于8分为基本合格；

——总分在60分以下，或者组织管理单项得分低于8分为不合格。

8.2　根据评估结果，分析总结各地区包虫病防控工作中的经验与亮点、存在的问题和不足，并根据具体情况推广先进经验，调整防控措施。

附 录 A
（资料性）
畜间包虫病防治工作评估表

畜间包虫病防治工作评估表见表A.1。

表A.1 畜间包虫病防治工作评估表

被考核地区：盖章　　　　　　　　　　　　　　　　工作组负责人签字：

考核项目		考核内容		分值（分）	得分（分）
组织管理（A,20分）	组织分工（A1）	成立包虫病防治工作领导小组(2分);将包虫病防治工作纳入年度目标考核范围(1.5分)		3.5	
		对包虫病防治成员单位进行包虫病防治工作分工(2分);召开包虫病专题会议,研究部署包虫病防治工作(1.5分)		3.5	
		组织开展包虫病防控工作督导检查(1分);召开包虫病防治工作专门会议,听取各成员单位汇报(1分)		2	
	部门考核（A2）	包虫病防治成员单位应完成领导小组分配的工作任务		2	
	能力建设（A3）	兽医实验室应配备超低温冰箱用于存放检测用犬粪		1	
		有规范、完整的畜间包虫病防治档案建设		3	
		开展畜间包虫病检测、监测工作		2	
	经费保障（A4）	畜间包虫病专项资金到位		2	
		有地方配套的畜间包虫病防治资金		1	
技术措施	个人防护（B1）	购买包虫病防控个人防护设备		2	
		个人防护设备应完备,包括防护服、口罩、眼罩、脚套、手套等		1	
		个人防护用品应发放到包虫病防治工作人员		1	
		包虫病防治过程中应进行个人防护知识的培训		1	
技术措施（B,80分）	犬只管理（B2）	流浪犬	应进行扑杀、收容、绝育等处置	3	
			现场流浪犬数量的调查,20条及以内3分;超过20条每条扣0.2分;扣分上限为3分	3	
		家养犬	家犬规范登记管理率(登记、建档)≥95%得4分;≥85% < 95%得2分; < 85%不得分	4	
			驱虫药有专门的存放场所(1分);有出入库台账(1分)	2	
			家犬驱虫覆盖率≥95%得5分;≥90% < 95%得4分;≥85% < 90%得3分; ≥80% < 85%得2分; < 80%不得分	5	
			驱虫后的犬粪应进行无害化处理	4	
			应开展驱虫效果评价和追溯驱虫工作	2	

续表A.1

<table>
<tr><th colspan="3">考核项目</th><th colspan="2">考核内容</th><th>分值（分）</th><th>得分（分）</th></tr>
<tr><td rowspan="26">技术措施（B,80分）</td><td rowspan="3">家畜免疫（B3）</td><td rowspan="3">免疫情况</td><td colspan="2">疫苗应存放在冷库或者冰箱（1分）；有出入库台账（1分）</td><td>2</td><td></td></tr>
<tr><td colspan="2">家畜免疫密度100%得4分；≥95%＜100%得3分；≥90%＜95%得2分；＜90%不得分</td><td>4</td><td></td></tr>
<tr><td colspan="2">应开展家畜免疫效果评价工作</td><td>1</td><td></td></tr>
<tr><td rowspan="5">检疫监督（B4）</td><td rowspan="2">屠宰</td><td colspan="2">应实行家畜定点屠宰</td><td>2</td><td></td></tr>
<tr><td colspan="2">定点屠宰场所所有病害脏器无害化处理设施设备</td><td>2</td><td></td></tr>
<tr><td rowspan="3">检疫</td><td colspan="2">定点屠宰场所检疫记录应规范</td><td>1</td><td></td></tr>
<tr><td colspan="2">定点屠宰场所所有病害脏器无害化处理记录</td><td>2</td><td></td></tr>
<tr><td colspan="2">应开展自宰自食家畜病变脏器的无害化处理</td><td>2</td><td></td></tr>
<tr><td colspan="2">灭鼠（B5）</td><td colspan="2">应开展居民定居点及周边1公里半径范围内灭鼠工作，有灭鼠工作档案</td><td>2</td><td></td></tr>
<tr><td rowspan="11">培训宣传（6）</td><td rowspan="3">专业技术人员培训</td><td colspan="2">有包虫病防控技术培训计划</td><td>2</td><td></td></tr>
<tr><td colspan="2">开展包虫病防控技术培训</td><td>3</td><td></td></tr>
<tr><td colspan="2">现场笔试的合格率＜60分不得分；≥60分＜80分得1分；≥80分＜100分得2分；100分得3分</td><td>3</td><td></td></tr>
<tr><td rowspan="2">村级防疫员培训</td><td colspan="2">对村级防疫员进行包虫病防控知识培训</td><td>2</td><td></td></tr>
<tr><td colspan="2">现场笔试合格率＜60分不得分；≥60分＜80分得1分；≥80分＜100分得2分</td><td>2</td><td></td></tr>
<tr><td rowspan="6">防控知识宣传</td><td colspan="2">入农牧户开展宣传工作</td><td>1</td><td></td></tr>
<tr><td colspan="2">进村社开展宣传</td><td>0.5</td><td></td></tr>
<tr><td colspan="2">进学校开展宣传</td><td>0.5</td><td></td></tr>
<tr><td colspan="2">进寺院开展宣传</td><td>0.5</td><td></td></tr>
<tr><td colspan="2">在当地电视台或报纸等媒体进行宣传</td><td>2</td><td></td></tr>
<tr><td colspan="2">现场调查的人群防治知识知晓率＜60%不得分；≥60%＜70%得1分；≥70%＜80%得2分；≥81%≤100%得2.5分</td><td>2.5</td><td></td></tr>
<tr><td rowspan="2">犬棘球绦虫感染检测（B7）</td><td>犬粪抗原检测</td><td colspan="2">感染率≥10%不得分；≥8%＜10%得1分；≥4%＜8%得2分；≥0＜4%得2.5分</td><td>2.5</td><td></td></tr>
<tr><td>犬剖检</td><td colspan="2">阳性率≥10%不得分；≥8%＜10%得1分；≥4%＜8%得2分；≥0＜4%得2.5分</td><td>2.5</td><td></td></tr>
<tr><td rowspan="3">家畜包虫病检测（B8）</td><td>羊包虫病免疫抗体检测</td><td colspan="2">免疫抗体合格率≥70%得分；＜70%不得分</td><td>2.5</td><td></td></tr>
<tr><td rowspan="2">牛羊脏器包虫调查</td><td>牛</td><td>患病率≥10%不得分；＜10%得2.5分</td><td>2.5</td><td></td></tr>
<tr><td>羊</td><td>患病率≥10%不得分；＜10%得2.5分</td><td>2.5</td><td></td></tr>
<tr><td colspan="2">人群患病调查（B9）</td><td colspan="2">3年内人群患病率递减得2.5分，否则不得分</td><td>2.5</td><td></td></tr>
<tr><td colspan="5">合计</td><td>100</td><td></td></tr>
</table>

ICS 11.220
CCS B 41
备案号:84113—2021

DB63

青　海　省　地　方　标　准

DB63/T 1963—2021

小反刍兽疫防控技术规范

2021-10-28 发布　　2022-01-01 实施

青海省质量技术监督局　发布

前 言

本文件按照GB/T 1.1—2020《标准化工作导则　第1部分：标准化文件的结构和起草规则》的规定起草。

本文件由青海省农业农村厅提出并归口。

本文件起草单位：青海省动物疫病预防控制中心。

本文件主要起草人：林元清、傅义娟、李秀英、胡广卫、炊文婷、张燕、应兰、孙生祯、李静、陈长江、肖利成、李国平、宋永鸿、贺海萍、李万顺、赵永唐、丁玲。

本文件由青海省农业农村厅监督实施。

小反刍兽疫防控技术规范

1 范围

本文件规定了小反刍兽疫的预防措施、控制措施等技术要求。

本文件适用于小反刍兽疫预防和控制。

2 规范性引用文件

下列文件中的内容通过文中的规范性引用而构成本文件必不可少的条款。其中，注日期的引用文件，仅该日期对应的版本适用于本文件；不注日期的引用文件，其最新版本（包括所有的修改单）适用于本文件。

GB/T 27982 小反刍兽疫诊断技术

3 术语和定义

下列术语和定义适用于本文件。

3.1 小反刍兽疫（Peste des Petits Ruminants，PPR）

由小反刍兽疫病毒（PPRV）引起小反刍动物的急性接触性传染病，以发热、口炎、腹泻和肺炎为特征，发病率、病死率较高。

4 预防措施

4.1 免疫

4.1.1 做好小反刍兽疫免疫工作，及时对新生羔羊和补栏羊免疫，免疫密度须达到100%。

4.1.2 做好免疫效果评价，根据群体免疫抗体水平及时加强免疫，免疫抗体合格率达到70%以上。

4.1.3 使用合格的疫苗产品，保存、运输和注射应严格按照规定程序进行。

4.2 监测

加强区域内小反刍兽疫监测工作，及时分析评估疫情发生风险，对重点地区加大监测频次，扩大监测范围。加强对其他地区小反刍兽疫疫情动态的监测。

4.3 检疫监管

不应从疫区调运易感动物及其产品。跨省调运时，经调出地产地检疫合格后方可调运，到达后须隔离饲养至少21天，经检测合格方可混群。入场屠宰时对动物进行查证验物。

5 控制措施

5.1 疫情报告

发现以发热、口炎、腹泻为特征，发病率、病死率较高的疑似小反刍兽疫疫情时应按规定逐级上报。报告内容包括：

——疫情发生时间、地点；

——发病、死亡动物的种类和数量；

——病死动物临床症状、病理变化、诊断情况；

——流行病学调查和溯源追踪情况，已采取的控制措施等。

5.2 疫情确认

5.2.1 结合流行病学特点，易感动物出现相关临床症状和病理变化，且发病率、病死率较高，传播迅速，可判定为疑似小反刍兽疫。流行病学及临床表现参见附录 A。

5.2.2 对疑似小反刍兽疫，应及时采集样品开展实验室检测，并送检省级动物疫病预防控制机构。

5.2.3 未免疫易感动物出现疑似病例且血清学或病原学检测阳性，免疫易感动物出现疑似病例且病原学检测阳性，可判定为确诊小反刍兽疫疫情。实验室诊断参见附录 A。

5.3 疫情处置

5.3.1 划定疫点、疫区和受威胁区

划定疫区、受威胁区时，应根据当地天然屏障、人工屏障、野生动物栖息地存在情况，以及疫情溯源及跟踪调查结果，适当调整范围。

a）疫点：

1）相对独立的规模化养殖场（户），以病死畜所在的场（户）为疫点；

2）散养畜以病死畜所在的自然村为疫点；

3）放牧畜以病死畜所在牧场及其活动场地为疫点；

4）家畜在运输过程中发生疫情的，以运载病畜的车辆为疫点；

5）在屠宰加工过程中发生疫情的，以屠宰加工厂（场）为疫点。

b）疫区。由疫点边缘向外延伸 3 公里范围的区域划定为疫区。

c）受威胁区。由疫区边缘向外延伸 10 公里的区域划定为受威胁区。

5.3.2 封锁

5.3.2.1 对疫区实行封锁，跨行政区域发生疫情时，有关行政区域共同封锁疫区。在疫区周围设立警示标志，在出入疫区的交通路口设置执法检查站和检疫消毒站。

5.3.2.2 封锁期间易感动物及其产品不应出入疫区，人员、车辆出入疫区要按规定进行消毒。

5.3.3 扑杀

扑杀疫点内的所有易感动物。

5.3.4 无害化处理

对疫点内所有病死和扑杀的易感动物及其乳产品，以及排泄物、被污染或可能被污染的饲料、垫料、污水等，通过深埋、焚化或发酵等方式进行无害化处理。

5.3.5 消毒

5.3.5.1 对疫点和疫区内的圈舍、场地，以及被污染的物品、用具、交通工具等，通过用消毒液清洗、喷洒以及火焰、熏蒸等方式进行严格彻底消毒。场地消毒前应先清除污物、粪便、饲料、垫料等。

5.3.5.2 对疫点和疫区内库存的易感动物皮、毛及疫区内易感动物乳产品进行严格的消毒处理，在疫区解除封锁后方可运出。

5.3.6 紧急免疫

对疫区和受威胁区内易感动物进行紧急免疫，建立免疫隔离带。并加强监测，及时掌握疫情动态。

5.3.7 野生动物控制

加强疫点周边地区野生小反刍动物分布和发病情况调查，并采取措施避免发病动物与野生小反刍动物接触，发现野生小反刍动物异常死亡要及时采样检测。

5.3.8 疫情溯源和追踪

对疫情发生前21天内，所有引入疫点的易感动物、相关产品及运输工具进行追溯性调查，分析疫情来源，对从疫点输出的易感动物、相关产品、运输车辆及密切接触人员的去向进行跟踪调查，分析疫情扩散风险。必要时，对输出地接触易感动物进行隔离观察。

5.3.9 解除封锁

疫点内最后一只易感动物死亡或扑杀，并按规定进行无害化处理和消毒后至少21天，疫区、受威胁区经监测没有新发病例，经组织验收合格后报请发布解除封锁令。

附 录 A
（规范性）
流行病学与诊断

A.1 流行特点

A.1.1 传染源

感染小反刍兽疫病毒的家羊野羊（包括病羊、隐性感染羊）及其分泌物、排泄物为主要传染源。

A.1.2 传播途径

以呼吸道为主要感染途径，可通过直接或间接接触传播。

A.1.3 易感动物

山羊比绵羊更易感，岩羊、盘羊、羚羊、鹿、麋鹿、骆驼等也可感染发病。易感羊群发病率通常达60%以上，病死率可达50%以上。

A.1.4 潜伏期

潜伏期一般为4天～6天，最长可达21天。

A.1.5 季节性

一年四季均可发生，多雨季节和干燥寒冷季节多发。

A.2 临床表现

突然发热，第2天至第3天体温达40 ℃～42 ℃高峰。发热持续3天左右，病羊死亡多集中在发热后期。特急性病例发热后突然死亡。口腔和鼻腔黏膜充血、糜烂和坏死，口腔破损可伴有大量流涎。鼻分泌物病初呈水样，后变成黏脓性卡他样，阻塞鼻孔，造成打喷嚏或咳嗽，甚至呼吸困难。排出大量眼分泌物遮住眼睑，出现结膜炎。多数病羊发生腹泻或下痢，伴随严重脱水、消瘦、虚脱。怀孕母羊可发生流产。

A.3 病理变化

上呼吸道黏膜充血、溃疡，支气管肺炎，肺尖肺炎。皱胃黏膜充血和溃烂。坏死性或出血性肠炎，盲肠、结肠近端和直肠出现充血、出血，呈斑马状条纹。肠系膜淋巴结水肿、坏死、萎陷。肺部淋巴结肿胀。脾脏肿大并可出现坏死病变。组织学上可见肺部组织出现多核巨细胞以及细胞内嗜酸性包涵体。

A.4 实验室诊断

A.4.1 样品采集

采集血液5 mL，常规方法分离血清。采集口鼻拭子，保存在添加有灭菌的0.01 mol/L pH7.4磷酸盐缓冲液（PBS）的采样管中。选择死亡时间不超过24小时或刚被扑杀的病羊，无菌采集肠系膜和支气管淋巴结1个～3个，脾、胸腺、肠黏膜和肺等组织各约25克，分别置于样品袋中并编号。

A.4.2 病原学检测

检测方法见GB/T 27982。

A.4.3 血清学检测

检测方法见GB/T 27982。

ICS 11.220
CCS B 41
备案号:86551—2022

DB63

青 海 省 地 方 标 准

DB63/T 2001—2021

无规定动物疫病区监测技术规范

2021-12-25发布 2022-02-01实施

青海省质量技术监督局 发布

前 言

本文件按照GB/T 1.1—2020《标准化工作导则 第1部分：标准化文件的结构和起草规则》的规定起草。

本文件由青海省农业农村厅提出并归口。

本文件起草单位：青海省动物疫病预防控制中心。

本文件起草人：炊文婷、傅义娟、应兰、李秀英、林元清、张燕、张总超、杨启林、孙生祯、李万顺、张海姐、葛云、铁忠华、李淑玲、白鹏霞。

本文件由青海省农业农村厅监督实施。

无规定动物疫病区监测技术规范

1 范围

本文件规定了无规定动物疫病区监测的抽样、样品的采集与运送、监测方式、监测方法、监测结果处理、证明免疫无疫的监测要求、恢复无疫状况的监测要求、监测档案管理等内容。

本文件适用于免疫无口蹄疫区、免疫无小反刍兽疫区、免疫无包虫病区的建设、评估及恢复无疫的监测。

2 规范性引用文件

下列文件中的内容通过文中的规范性引用而构成本文件必不可少的条款。其中，注日期的引用文件，仅该日期对应的版本适用于本文件；不注日期的引用文件，其最新版本（包括所有的修改单）适用于本文件。

GB/T 18935 口蹄疫诊断技术

GB/T 27982 小反刍兽疫诊断技术

GB/T 32948—2016 犬科动物感染细粒棘球绦虫粪抗原的抗体夹心酶联免疫吸附试验检测技术

NY/T 1466—2018 动物棘球蚴病诊断技术

3 术语和定义

下列术语和定义适用于本文件。

3.1 无规定动物疫病区（无疫区）

在某一确定区域，在规定期限内没有发生过规定的某一种或几种动物疫病，且在该区域及其边界，对动物和动物产品的流通实施官方有效控制，并经国家验收合格的区域。根据是否在区域采取免疫措施，分为免疫无规定疫病区和非免疫无规定疫病区。

3.2 监测

对某疫病的发生、流行、分布及相关因素进行系统的长时间的观察与检测，以把握疫病状况和发展趋势。

3.3 流行病学单元

具有明确的流行病学关联，且暴露某一病原的可能性大致相同的特定动物群。通常情况下是指处于相同环境下或处于共同管理措施下的一个畜禽群，如同一个圈舍里的动物，同一个村庄的动物群或使用同一饲养设施的动物群等。

3.4 假定流行率

假定某个特定时间、某特定区域规定动物疫病病例数或发病数与动物群体的平均值之比。分为群间假定流行率和群内假定流行率。

4 抽样

4.1 抽样原则

4.1.1 抽样点应包括区域内所有自然村、养殖场、屠宰场、市场、无害化处理场、指定动物通道等流行病学单元。

4.1.2 抽取的样品要涵盖区域内所有易感动物（包括野生易感动物）。根据不同易感动物数量，按疫病流行程度、风险程度，确定抽样比例和数量。

4.1.3 加大保护区易感动物的抽样数量和频次。

4.2 抽样方法

先抽取流行病学单元，再从抽取的流行病学单元内抽取个体。

4.3 抽样数量

每个流行病学单元易感动物抽样数量应不少于30头（只），不足30头（只）的应全采。也可根据区域内动物疫病流行病学特点、历史状况和日常监测等信息，确定假定流行率，按照附录A确定抽样数量。

5 样品的采集与运送

5.1 口蹄疫样品采集按照 GB/T 18935 执行。

5.2 小反刍兽疫样品采集按照 GB/T 27982 执行。

5.3 包虫病犬粪样品采集按照 GB/T 32948—2016 中第7章执行，牛羊血清样品及组织样品采集按照 NY/T 1466—2018 中 2.1 执行。

5.4 按照本规范的附录B做好采样登记。

6 监测方式

6.1 被动监测

6.1.1 任何单位和个人，发现易感动物出现疑似两疫一病的临床症状，或检测出两疫一病的阳性或可疑结果时，应立即报告当地动物疫病预防控制机构。

6.1.2 动物疫病预防控制机构在接到疫情报告和疫情举报后，应立即开展现场核查、流行病学调查、抽样和实验室检测工作。

注：口蹄疫、小反刍兽疫、包虫病简称两疫一病。

6.2 主动监测

每年开展不少于2次的流行病学调查及监测工作，春季、秋季各一次，不定时地对动物饲养及流通等环节进行临床巡查和实验室检测工作。

7 监测方法

7.1 口蹄疫

7.1.1 血清学监测

以下情形应进行血清学监测：

a）猪免疫28天后、牛羊等其他动物免疫21天后评价口蹄疫免疫抗体水平，宜采用液相阻断酶联免疫吸附试验方法（见GB/T 18935）进行；

b）初步判断易感动物是否感染口蹄疫病毒，宜采用非结构蛋白酶联免疫吸附试验方法（见GB/T 18935）进行。

7.1.2 病原学监测

以下情形应进行病原学监测：

a）出现临床疑似病例，需进行确诊的；

b）出现非结构蛋白抗体阳性的，重新采集牛羊O-P液、猪扁桃体，宜采用RT-PCR或荧光RT-PCR方法（见GB/T 18935）进行。

7.2 小反刍兽疫

7.2.1 血清学监测

免疫后1个月～3个月内评价小反刍兽疫免疫抗体水平，宜采用竞争酶联免疫吸附试验方法进行。

7.2.2 病原学监测

确诊易感动物是否感染小反刍兽疫，宜采用RT-PCR或荧光RT-PCR方法进行。

7.3 包虫病

7.3.1 血清学监测

评价羊包虫病免疫抗体水平，羔羊二免7天后，或成年羊加强免疫7天后，宜采用酶联免疫吸附试验方法进行。

7.3.2 病原学监测

以下情形应进行病原监测：

a）犬粪棘球绦虫抗原检测；

b）犬粪棘球绦虫抗原检测阳性的，进行犬棘球绦虫感染检测，采用剖检法检查犬小肠内是否有棘球绦虫；

c）牛羊脏器包囊检查，检查肝、肺等实质性脏器是否有棘球蚴包囊，判为可疑者，通过PCR进行诊断。

8 监测结果处理

8.1 免疫抗体水平低下的易感动物强化免疫继续监测，直至免疫抗体达到本文件第10章的要求水平。

8.2 扑杀口蹄疫、小反刍兽疫病原阳性畜，并做无害化处理。

8.3 犬棘球绦虫阳性，要持续驱虫，直到犬的感染率降到2%以内。

9 证明免疫无疫的监测要求

9.1 口蹄疫

应对易感动物进行24个月的监测，监测结果符合：

a）24个月内无口蹄疫临床病例；

b）12个月内无口蹄疫病毒传播；

c）24个月内口蹄疫群体免疫抗体合格率80%以上。

9.2 小反刍兽疫

应对易感动物进行24个月的监测，监测结果符合：

a）24个月内无小反刍兽疫临床病例感染或传播；

b）24个月内小反刍兽疫群体免疫合格率80%以上。

9.3 包虫病

应对牛、羊、犬进行24个月的监测，监测结果符合：

a）24个月内2岁以内的牛羊包虫病检出率为0；

b）24个月内家犬驱虫后棘球绦虫感染率<2%。

10 恢复无疫状况的监测要求

10.1 发生口蹄疫疫情后，参照《无规定动物疫病区管理技术规范》（农医发〔2016〕45号）执行。

10.2 发生小反刍兽疫疫情后，参照《无规定动物疫病区管理技术规范》（农医发〔2016〕45号）执行。

10.3 发生包虫病疫情后：

a）对患病动物脏器无害化处理，扑杀流浪犬；

b）场地、圈舍消毒，粪污、垫料深埋或焚烧；

c）家犬驱虫，每月1次，6个月后，按7.3要求开展监测，证明无包虫病感染、传播，可申请恢复免疫无疫状态。

11　监测档案管理

建立免疫无疫区监测档案管理制度，对采样登记表、流转单、检测记录、检测报告、监测工作总结等材料整理并归档，设专人管理，档案永久保存。

附 录 A
（规范性）
检出动物疫病所需样本数量（Cannon 和 Roe 二氏，1982）

表 A.1 给出了不同群体大小、不同假定流行率下的抽样数量。

表 A.1 检出动物疫病所需样本量

群体大小	假定流行率(群间假定流行率或群内假定流行率)											
	50%	40%	30%	25%	20%	15%	10%	5%	2%	1%	0.5%	0.1%
10	4	5	6	7	8	10	10	10	10	10	10	10
20	4	6	7	9	10	12	16	19	20	20	20	20
30	4	6	8	9	11	14	19	26	30	30	30	30
40	5	6	8	10	12	15	21	31	40	40	40	40
50	5	6	8	10	12	16	22	35	48	50	50	50
60	5	6	8	10	12	16	23	38	52	60	60	60
70	5	6	8	10	13	17	24	40	62	70	70	70
80	5	6	8	10	13	17	24	42	68	79	80	80
90	5	6	8	10	13	17	25	43	73	87	90	90
100	5	6	9	10	13	18	25	45	78	96	100	100
120	5	6	9	10	13	18	26	47	86	111	120	120
140	5	6	9	11	13	18	26	48	92	124	139	140
160	5	6	9	11	13	18	27	49	97	136	157	160
180	5	6	9	11	13	18	27	50	101	146	174	180
200	5	6	9	11	13	18	27	51	105	155	190	200
250	5	6	9	11	14	18	27	53	112	175	228	250
300	5	6	9	11	14	18	28	54	117	189	260	300
350	5	6	9	11	14	18	28	54	121	201	287	350
400	5	6	9	11	14	19	28	55	124	211	311	400
450	5	6	9	11	14	19	28	55	127	218	331	450
500	5	6	9	11	14	19	28	56	129	225	349	500
600	5	6	9	11	14	19	28	56	132	235	379	597
700	5	6	9	11	14	19	28	57	134	243	402	691
800	5	6	9	11	14	19	28	57	136	249	421	782
900	5	6	9	11	14	19	28	57	137	254	437	868

续表

群体大小	假定流行率(群间假定流行率或群内假定流行率)											
	50%	40%	30%	25%	20%	15%	10%	5%	2%	1%	0.5%	0.1%
1000	5	6	9	11	14	19	29	57	138	258	450	950
1200	5	6	9	11	14	19	29	57	140	264	471	1102
1400	5	6	9	11	14	19	29	58	141	269	487	1236
1600	5	6	9	11	14	19	29	58	142	272	499	1354
1800	5	6	9	11	14	19	29	58	143	275	509	1459
2000	5	6	9	11	14	19	29	58	143	277	517	1553
3000	5	6	9	11	14	19	29	58	145	284	542	1895
4000	5	6	9	11	14	19	29	58	146	288	556	2108
5000	5	6	9	11	14	19	29	59	147	290	564	2253
6000	5	6	9	11	14	19	29	59	147	291	569	2358
7000	5	6	9	11	14	19	29	59	147	292	573	2437
8000	5	6	9	11	14	19	29	59	147	293	576	2498
9000	5	6	9	11	14	19	29	59	148	294	579	2548

附　录　B
（规范性）
无规定动物疫病区采样登记表

表B.1给出了无规定动物疫病区采样登记表。

表B.1　无规定动物疫病区采样登记表

采样地点：________县（市、区）__________乡（镇）__________村

样品编号	耳标号	场点类别	场(户)名称、社	存栏数	样品类型	待检测项目	末次免疫时间	备注

采样人：　　　　　　　　　　　　　　　　　　　　　　　　　采样日期：

注1： 场点类别指种畜场、商品代养殖场、散养户、屠宰场、交易市场、公路检查站等；

注2： 样品统一编号规则：编号由5位数组成，第1位和第2位表示地方名，用地方名汉语拼音大写首字母表示，如“互助”写为“HZ”；第3位表示畜种名，用畜种名汉语拼音字母的第一个大写字母表示，第4位表示样品名，用样品名的汉语拼音字母的第一个大写字母表示，第5位表示样品编号，用阿拉伯数字表示。

示例1： 如互助猪血清1号样品，可表示为“HXZX01”；

示例2： 互助羊鼻拭子10号样品，可表示为“HZYB10”；

示例3： 互助牛O-P液5号样品，可表示为“HZNO-P05”；

示例4： 互助犬粪2号样品，表示为“HZQF02”，以此类推。

参考文献

［1］《无规定动物疫病区管理技术规范》（农医发〔2016〕45号）

第四篇

产品加工与质量管理

ICS 11.220
CCS B 41
备案号:90469—2022

DB63

青 海 省 地 方 标 准

DB63/T 1185—2022
代替DB43/ 1185—2013

羊屠宰检疫技术规范

2022-07-14发布 2022-08-15实施

青海省市场监督管理局 发布

前 言

本文件按照GB/T 1.1—2020《标准化工作导则　第1部分：标准化文件的结构和起草规则》的规定起草。

本文件代替DB63/T 1185—2013《羊屠宰检疫技术规范》，与DB63/T 1185—2013相比，除结构性调整和编辑性改动外，主要技术变化如下：

a）增加了官方兽医、屠宰的术语和定义（见3.1、3.2）；

b）更改了检疫对象（见第4章，2013年版的第4章）；

c）增加了入场检查登记内容（见第6章）；

d）更改了检疫申报内容（见第7章，2013年版的6.2）；

e）增加了宰前检疫临床检查内容（见8.1）；

f）增加了宰前检疫临床检查实验室检测内容（见8.2）

g）更改了宰前检疫结果不合格处理内容（见8.3，2013年版的6.3.2）；

h）更改了宰后检疫头部检查内容（见9.2，2013年版的6.4.1.1）；

i）更改了内脏检查中胃和肠检查内容（见9.4.6，2013版的6.4.2.6）；

j）更改完善了宰后结果处理内容（见9.7，2013版的6.5.1、6.5.2）；

k）更改整合了消毒相关内容（见9.8，2013版的6.1.5、6.5.2）；

l）增加了屠宰羊主要疫病临床症状内容（见附录A）；

m）更改了检疫文书记录表格（见10.1和附录B，2013版附录A、B、C、D）；

n）更改了检疫文书保存时间（见10.4，2013版的第7章）；

o）增加了参考文献。

本文件由青海省农业标准化委员会提出。

本文件由青海省农业农村厅归口。

本文件起草单位：青海省动植物检疫站。

本文件主要起草人：张正英、张立成、蔡宜冰、张德胜、赵维章、黄文颖、郝云晴、刘海珍、危湘宁、山雪琳、李建合、秦超。

本文件历次版本的发布情况为：

——DB63/T 1185—2013。

本文件由青海省农业农村厅监督实施

羊屠宰检疫技术规范

1 范围

本文件规定了羊屠宰的术语和定义、检疫对象、检疫合格标准、入场检查登记、检疫申报、宰前检疫、宰后检疫以及检疫文书应用的操作要求。

本文件适用于行政区域内定点屠宰厂（场、点）羊屠宰检疫。

2 规范性引用文件

下列文件中的内容通过文中的规范性引用而构成本文件必不可少的条款。其中，注日期的引用文件，仅该日期对应的版本适用于本文件；不注日期的引用规范，其最新版本（包括所有的修改单）适用于本文件。

GB/T 16569 畜禽产品消毒规范

3 术语和定义

下列术语和定义适用于本文件。

3.1 官方兽医

官方兽医是指应当具备国务院农业农村主管部门规定的条件，由省、自治区、直辖市人民政府农业农村主管部门按照程序确认，由所在地县级以上人民政府农业农村主管部门任命的国家兽医工作人员。

3.2 屠宰

以肉用或制取其他原料为目的，按规定程序杀死动物的过程。

3.3 屠宰检疫

官方兽医在屠宰过程中对动物及其产品所实施的检疫，包括宰前检疫和宰后检疫。

3.4 宰前检疫

官方兽医在现场对待宰动物进行临床检查。

3.5 宰后检疫

官方兽医在屠宰过程中对屠宰动物的胴体、内脏、头、蹄、皮张等进行检疫。

4 检疫对象

口蹄疫、痒病、小反刍兽疫、绵羊痘和山羊痘、炭疽、布鲁氏菌病、肝片吸虫病、棘球蚴病。

5 检疫合格标准

5.1 入厂（场、点）待宰羊应具备有效的动物检疫合格证明，并佩戴符合国家规定的畜禽标识。

5.2 无规定的传染病和寄生虫病。

5.3 需要进行实验室疫病检测的，检测结果应为合格。

6 入场检查登记

6.1 屠宰厂（场、点）

记录羊只来源、数量、动物检疫合格证明号、运输车辆信息及供货方姓名、地址、联系方式等。

6.2 官方兽医

查验动物检疫合格证明，核实羊只来源，了解运输途中有关情况，核对证与物的数量、运输车辆、目的地、用途等信息，检查畜禽标识。

7 检疫申报

屠宰企业根据进场登记情况和屠宰计划，向驻场官方兽医进行屠宰检疫申报，官方兽医接到申报后，根据实际情况决定是否予以受理。受理的，应及时实施宰前检疫，不予受理的，应说明理由。

8 宰前检疫

8.1 临床检查

8.1.1 群体检查

屠宰前每2小时进行一次现场待宰观察，从静态、动态和食态等方面进行检查。主要检查动物群体精神状况、外貌、呼吸状态、运动状态、饮水饮食、反刍状态、排泄物状态等。

8.1.2 个体检查

通过视诊、触诊、听诊等方法进行检查。主要检查动物个体精神状况、体温、呼吸、皮肤、被毛、可视黏膜、胸廓、腹部及体表淋巴结等，具体检查按照附录A进行。

8.2 实验室检测

对怀疑患有本文件规定疫病及临床检查异常的，应按相应疫病诊断技术规范进行实验室检测。

8.3 结果处理

8.3.1 合格

准予屠宰，出具“动物准宰通知单”。

8.3.2 不合格

按农业农村部印发的《病死及病害动物无害化处理技术规范》处理。

9 宰后检疫

9.1 基本要求

羊只被屠宰后摘除内脏，对同一只羊的头、蹄、内脏、胴体等统一编号，进行同步检疫，综合判定。

9.2 头部检查

检查鼻唇镜、齿龈、舌面、口腔黏膜有无水疱、溃疡、烂斑等；剖检一侧咽后内侧淋巴结和一侧下颌淋巴结，同时检查咽喉黏膜和扁桃体有无肿胀、淤血、出血、坏死等病变。

9.3 蹄部检查

检查蹄冠、蹄叉皮肤有无水疱、溃疡、烂斑、结痂等。

9.4 内脏检查

9.4.1 心脏检查

检查心脏的形状、大小、色泽及有无淤血、出血等。必要时剖开心包，检查心包膜、心包液和心肌有无异常。

9.4.2 肺脏检查

检查两侧肺叶实质、色泽、形状、大小及有无淤血、出血、水肿、化脓、实变、结节、粘连、寄生虫等。剖检一侧支气管淋巴结，检查切面有无淤血、出血、水肿等。必要时剖开气管、结节部位。

9.4.3 肝脏检查

检查肝脏大小、色泽，触检其弹性和硬度，剖开肝门淋巴结，检查有无出血、淤血、肿大、坏死灶等。必要时剖开肝实质、胆囊和胆管，检查有无硬化、萎缩、肝片吸虫等。

9.4.4 肾脏检查

检查其弹性和硬度及有无出血、淤血等。必要时剖开肾实质，检查皮质、髓质和肾盂有无出血、肿大等。

9.4.5 脾脏检查

检查弹性、颜色、大小等。必要时剖检脾实质，检查有无淤血、出血、水肿、坏死等病变。

9.4.6 胃和肠检查

检查肠系膜、肠浆膜有无出血、粘连等，剖开肠系膜淋巴结，检查形状、色泽及有无肿胀、淤血、出血、粘连、结节等。必要时剖开胃肠，检查内容物、黏膜及有无出血、结节、寄生虫等。

9.4.7 子宫和睾丸

检查母羊子宫浆膜有无出血、黏膜有无黄白色或干酪样结节。检查公羊睾丸有无肿大，睾丸、附睾有无化脓、坏死灶等。

9.5 胴体检查

9.5.1 整体检查

检查皮下组织、脂肪、肌肉、淋巴结以及胸腔、腹腔浆膜有无淤血、出血、疹块、脓肿及其他异常。

9.5.2 淋巴结检查

9.5.2.1 颈浅淋巴结（肩前淋巴结） 在肩关节前侧上方剖开臂头肌、肩胛横突肌下的一侧颈浅淋巴结，检查切面形状、色泽及有无肿胀、淤血、出血、坏死灶等。

9.5.2.2 髂下淋巴结（股前淋巴结、膝上淋巴结） 剖开一侧淋巴结，检查切面形状、色泽、大小及有无肿胀、淤血、出血、坏死灶等。

9.5.2.3 必要时剖检腹股沟深淋巴结。

9.6 复检

官方兽医对上述检疫情况进行复查，综合判定检疫结果。

9.7 结果处理

9.7.1 合格的，由官方兽医出具“动物检疫合格证明”，省内流通销售的加盖检疫验讫印章，省外流通销售的加施检疫验讫卡环，对分割包装的肉品加施检疫标识。

9.7.2 不合格的，由官方兽医出具“病死及病害动物（动物产品）无害化处理通知单”，并监督场方对病羊胴体及副产品按农业农村部印发的《病死及病害动物无害化处理技术规范》处理。

9.7.3 做好病死及病害动物（动物产品）无害化处理记录。

9.8 消毒

9.8.1 羊只卸载后监督货主对运输工具及相关物品进行消毒。

9.8.2　屠宰过程中发现不合格的，要对污染的场所、器具等的消毒按GB/T 16569规定实施。

9.8.3　官方兽医在屠宰检疫过程中应做好自身安全防护及消毒。

10　检疫文书应用

10.1　官方兽医应按照动物屠宰检疫文书填写注意事项，规范填写“屠宰检疫工作情况记录表”“动物准宰通知单”“病死及病害动物（动物产品）无害化处理通知单”（见附录B）。

10.2　检疫文书按以下尺寸印刷，“屠宰检疫工作情况记录表”“动物准宰通知单”尺寸为210 mm×297 mm，“病死及病害动物（动物产品）无害化处理通知单”尺寸为142 mm×210 mm。

10.3　官方兽医应监督指导屠宰厂（场、点）做好待宰、急宰、消毒、无害化处理等环节的各项记录。

10.4　检疫记录及文书应保存12个月以上，回收的“动物检疫合格证明”保存不少于12个月。

附 录 A
（规范性）
屠宰羊主要疫病临床症状

表A.1给出了屠宰羊主要疫病临床症状。

表A.1 屠宰羊主要疫病临床症状

序号	疫病名称	临床症状	易感动物
1	口蹄疫	发热、精神不振、食欲减退、流涎；蹄冠、蹄叉、蹄踵部出现水疱，水疱破裂后表面出血，形成暗红色烂斑，感染造成化脓、坏死、蹄壳脱落，卧地不起；鼻盘、口腔黏膜、舌、乳房出现水疱和糜烂等症状	牛、骆驼、绵羊、山羊、猪、鹿、羚羊
2	痒病	发病初期，羊精神沉郁，神经敏感，当受到刺激时易兴奋，头、颈部随意肌颤动，病中期在颈、臀等部位被毛断裂和脱落，病羊搔痒，向墙壁或其他物品摩擦背部、体侧、臀部等，或用嘴啃咬发痒部位，病后期病羊易与固定物相撞，共济失调，食欲减少，体重下降等症状	羊
3	小反刍兽疫	羊出现突然发热、呼吸困难或咳嗽，分泌黏脓性卡他性鼻液，口腔内膜充血、糜烂，齿龈出血，严重腹泻或下痢，母羊流产等症状	羊、牛、猪、鹿
4	绵羊痘或山羊痘	羊出现体温升高、呼吸加快；皮肤、黏膜上出现痘疹，由红斑到丘疹，突出皮肤表面，遇化脓菌感染则形成脓疱继而破溃结痂等症状	绵羊、山羊
5	炭疽	出现高热、呼吸增速、心跳加快；食欲废绝，偶见瘤胃膨胀，可视黏膜发绀，突然倒毙；天然孔出血、血凝不良呈煤焦油样，尸僵不全；体表、直肠、口腔黏膜等处发生炭疽痈等症状	牛、羊、驴、马、骆驼、鹿
6	布鲁氏菌病	羊多呈隐性感染，少数病羊出现关节炎，关节肿胀、疼痛，出现跛行；怀孕母羊流产，持续排出污灰色或棕红色恶露以及乳腺炎症状；公畜发生睾丸炎或关节炎、滑膜囊炎，偶见阴茎红肿，睾丸和附睾肿大等症状	牛、羊、猪、犬、马、鹿、骆驼
7	棘球蚴病	轻度感染和感染初期通常无明显症状，严重感染的羊被毛逆立，时常脱毛，营养不良，消瘦，肺部感染时有明显的咳嗽，咳后卧地，不愿起立等症状	羊、牛、猪、马、兔、鼠
8	肝片吸虫病	急性病例病势迅猛，病羊突然倒毙，病初体温升高，精神沉郁，食欲减退或消失，腹胀，有腹水，有时腹泻，严重贫血，重者可在几天内死亡；病羊高度消瘦，黏膜苍白，眼睑贫血，颌下及胸腹下水肿等症状	牛、羊、马、驴、骆驼、狗、猫、猪

附 录 B
（规范性）
屠宰检疫工作情况记录表

表B.1给出了屠宰检疫工作情况记录表。

表B.1 屠宰检疫工作情况记录表

屠宰场名称： 动物种类： 单位：头

进场日期	申报人	产地	入场数量	入场监督查验			宰前检疫			宰后检疫				官方兽医签名
				临床检查情况	畜禽标识佩戴数	回收动物检疫合格证明编号	合格数	不合格数	不合格处理方式	合格数	出具动物检疫合格证明编号	不合格处理数	不合格处理方式	

注1：动物的单位有只、匹、羽。
注2：不合格处理方式有，①焚烧法；②化制法；③高温法；④深埋法；⑤化学处理法。
注3：临床检查情况，①健康；②不健康。

表B.2给出了动物准宰通知单。

表 B.2 动物准宰通知单

动物准宰通知单
（此联第一联，由动物卫生监督机构留存）

编号：________________

屠宰厂（场、点）：________________

来自____的生猪（牛、羊、禽）__________头（只、匹、羽）经宰前检疫合格，准予屠宰。

官方兽医（签章）：

年　　月　　日

回收检疫合格证明粘贴至背面

\-

注：此表一式两份，第一联动物卫生监督机构留存，第二联货主留存。

动物准宰通知单
（此联第二联，由货主留存）

编号：________________

屠宰厂（场、点）：________________

来自____的生猪（牛、羊、禽）__________头（只、匹、羽）经宰前检疫合格，准予屠宰。

官方兽医（签章）：

年　　月　　日

注：此表一式两份，第一联动物卫生监督机构留存，第二联货主留存。

表B.3给出了病死及病害动物（动物产品）无害化处理通知单。

表B.3　病死及病害动物（动物产品）无害化处理通知单

（此联动物卫生监督机构留存）

编号：____________

检出地点（厂、场、点）：____________

来源：____________　　病　名：____________

动物重量：________公斤　　胴体重量：________公斤　　脏器重量：________公斤

处理理由：____________

处理结果：____________

官方兽医：____________　　监督处理单位负责人：____________

监督处理人：____________　　场方负责人：____________

检出日期：____________　　处理日期：____________

____________动物卫生监督机构（盖章）

病死及病害动物（动物产品）无害化处理通知单

（此联处理单位留存）

编号：____________

检出地点（厂、场、点）：____________

来源：____________　　病　名：____________

动物重量：________公斤　　胴体重量：________公斤　　脏器重量：________公斤

处理理由：____________

处理结果：____________

官方兽医：____________　　监督处理单位负责人：____________

监督处理人：____________　　场（厂、点）方负责人：____________

检出日期：____________　　处理日期：____________

参考文献

［1］中华人民共和国食品安全法
［2］中华人民共和国农产品质量安全法
［3］中华人民共和国动物防疫法
［4］中华人民共和国畜牧法
［5］农业农村部《病死及病害动物无害化处理技术规范》（农医发〔2017〕25号）

DBS63

青　海　省　地　方　标　准

DBS63/ 00012—2021

食品安全地方标准　青海藏羊肉

2021-09-01发布　　2021-12-01实施

青海省卫生健康委员会　发布

前言

本文件遵循《中华人民共和国食品安全法》《中华人民共和国标准化法》《青海省食品安全地方标准管理办法》等法律、法规规定，按照GB/T 1.1—2020《标准化工作导则　第1部分：标准化文件的结构和起草规则》的规定起草。

本文件由中国科学院西北高原生物研究所提出。

本文件由青海省卫生健康委员会归口。

本文件起草单位：中国科学院西北高原生物研究所。

本文件主要起草人：皮立、李明、徐世晓、青山、蒋晨阳、杨其恩、曹俊虎、何晓洁、胡林勇、李沛、马家麟、韩学平、王希琴、刘宏金、云忠祥、谭亮、李玉林、赵新全。

本文件于2021年9月1日首次发布。

食品安全地方标准　青海藏羊肉

1　范围

本文件规定了青海藏羊肉的术语和定义、技术要求、质量要求、检验方法、检验规则、标识、包装、贮存、运输。

本文件适用于青海省境内藏羊经过屠宰加工、检验检疫的鲜冻羊肉。

2　规范性引用文件

下列文件对于本文件的应用是必不可少的。凡是注日期的引用文件，仅注日期的版本适用于本文件。凡是不注日期的引用文件，其最新版本（包括所有的修改单）适用于本文件。

GB/T 2707　食品安全国家标准　鲜（冻）畜、禽产品

GB/T 2762　食品安全国家标准　食品中污染物限量

GB/T 2763　食品安全国家标准　食品中农药最大残留限量

GB/T 31650　食品安全国家标准　食品中兽药最大残留限量

GB/T 4806.7　食品安全国家标准　食品接触用塑料材料及制品

GB/T 5009.3　食品安全国家标准　食品中水分的测定

GB/T 5009.5　食品安全国家标准　食品中蛋白质的测定

GB/T 5009.6　食品安全国家标准　食品中脂肪的测定

GB/T 5009.124　食品安全国家标准　食品中氨基酸的测定

GB/T 5009.168　食品安全国家标准　食品中脂肪酸的测定

GB/T 5009.228　食品安全国家标准　食品中挥发性盐基氮的测定

GB/T 5009.268　食品安全国家标准　食品中多元素的测定

GB/T 7718　食品安全国家标准　预包装食品标签通则

GB/T 9961　鲜、冻胴体羊肉

GB/T 191　包装储运图示标志

GB/T 6388　运输包装收发货标志

GB/T 9695.19　肉与肉制品取样方法

GB/T 17237　畜类屠宰加工通用技术条件

SB/T 10730　易腐食品冷藏链技术要求　禽畜肉

SB/T 10731　易腐食品冷藏链操作规范　畜禽肉

NY/T 467　畜禽屠宰卫生检疫规范

NY/T 2799　绿色食品　畜肉

NY/T 3383　畜禽产品包装与标识

DB63/T 547.1　青海藏羊饲养管理技术规范

3 术语和定义

3.1 青海藏羊肉 Tibetan mutton of Qinghai

青海区域内，以放牧为主饲养的“藏羊”(包括高原型藏羊、山谷型藏羊、欧拉型藏羊、黑藏羊)，并按照GB/T 17237要求屠宰、排酸、分割、冷冻或冷藏工艺加工的羊肉。

4 技术要求

4.1 原料要求

4.1.1 品种

符合规定的高原型藏羊、山谷型藏羊、欧拉型藏羊、黑藏羊。

4.1.2 产地环境条件和饲养方式

产地环境条件符合DB63/T 547.1的要求。饲养方式以放牧为主，允许补饲。四季放牧参照DB63/T 547.1执行。

4.1.3 出栏标准

5月龄～8月龄羔羊，重量不低于13 kg。12月龄以上羯羊，重量不低于17 kg。

5 质量要求

5.1 感官指标

感官指标应符合表1的规定。

表1 感官指标

项目	鲜羊肉	冻羊肉
色泽	肌肉色泽鲜红有光泽;脂肪呈乳白色	肌肉有光泽,色鲜艳;脂肪呈乳白色
组织状态	肉质紧密,坚实,有弹性,指压后的凹陷立即恢复	肉质紧密,有坚实感,肌纤维韧性强
黏度	外表微干或有风干膜,不黏手	外表微干或有风干膜,或湿润不黏手
滋味、气味	具有青海藏羊肉特有的滋味、气味。煮沸后肉汤透明澄清,脂肪团聚于液面,肉质口感鲜嫩	具有青海藏羊肉特有的滋味、气味。煮沸后肉汤透明澄清,脂肪团聚于液面,肉质口感好
杂质	无肉眼可见杂质	无肉眼可见杂质

5.2 理化指标

理化指标应符合表2的规定。

表2 理化指标

项 目	鲜、冻羊肉	检测方法
水分，%≤	77.0	GB/T 5009.3
蛋白质，g/100 g ≥	18.0	GB/T 5009.5
脂肪，g/100 g≤	6.0	GB/T 5009.6
谷氨酸，g/100 g≥	3.0	GB/T 5009.124
膻味物质（以癸酸计），g/100 g脂肪≤	0.3	GB/T 5009.168
挥发性盐基氮，mg/100 g≤	15.0	GB/T 5009.228
铅（以Pb计），mg/kg≤	0.2	GB/T 5009.268

5.3 卫生要求

5.3.1 污染物限量

符合GB/T 2762的要求。

5.3.2 农药残留限量

符合GB/T 2763的要求。

5.3.3 微生物限量

符合GB/T 9961的要求。

5.3.4 兽药残留限量

符合GB/T 31650和NY/T 2799的要求。

6 检验方法

6.1 感官指标检验

感官指标应符合表1的规定。

6.2 色泽、组织状态、滋味、气味、杂质

取适量试样置于洁净的白色盘（瓷盘或同类容器）中，在自然光下观察色泽和状态，检测其是否有肉眼可见杂质。

称取20 g搅碎的试样置于200 mL烧杯中，加100 mL水，用表面皿盖上，加热50 ℃～60 ℃，开盖

检查气味，继续加热煮沸20 min～30 min，检查肉汤的气味，滋味和透明度，以及脂肪的气味和滋味。

7 检验规则

7.1 组批

同一班次、同一规格的产品为一批。

7.2 抽样

按GB/T 9695.19的规定执行。

7.3 产品检验

7.3.1 型式检验

7.3.1.1 每年至少进行一次。有下列情况之一，应进行型式检验：

a）长期停产再恢复生产时；

b）出厂检验结果与上次型式检验有较大差异时；

c）国家质量监督检验检疫行政主管部门提出型式检验要求时。

7.3.1.2 型式检验项目为本标准规定的全部项目。

7.3.2 出厂检验

7.3.2.1 每批出厂产品应检验合格，出具检验合格证书方能出厂。

7.3.2.2 出厂检验项目为感官指标、标签和包装。

7.3.2.3 判定规则：

检验项目结果全部符合本标准，判为合格品。若有一项或一项以上指标（微生物指标除外）不符合本标准要求时，可在同批产品中加倍抽样进行复验。微生物指标有一项不合格，检验结果判为不合格。复验结果合格，则判为合格品，如复验结果中仍有一项或一项以上指标不符合本标准，则判该批次为不合格品。

8 标识、包装、贮存和运输

8.1 标识

8.1.1 销售包装产品标签按GB/T 7718的规定执行。

8.1.2 运输包装上的图形标志应符合GB/T 191和GB/T 6388的规定执行。

8.2 包装

包装材料应干燥、无异味、符合食品卫生规定。内包装材料应符合GB/T 4806.7和NY/T 3383的规定。外包装应使用合格的材料，应符合相应的标准。

8.3 贮存

贮存应符合GB/T 17237的规定。

8.4 运输

运输应符合SB/T 10730和SB/T 10731的规定。

第五篇

流通质量控制

ICS 11.220
CCS B 41
备案号:59472—2018

DB63

青　海　省　地　方　标　准

DB63/T 736—2018
代替DB43/ 736—2008

畜禽运输卫生规范

2018-03-22发布　　2018-06-22实施

青海省质量技术监督局　发布

前 言

本规范按照GB/T 1.1—2009的规则编写。

本规范代替DB63/T 736—2008《畜禽贩运检疫技术规范》，与DB63/T 736—2008相比，主要变化如下：

——修改了规范性引用文件；

——删除了术语和定义；

——修改了运输者基本要求；

——制定了运输工具装备要求；

——制定了起运前准备；

——修改了运输要求；

——制定了运输结束后要求；

——删除了附录B，修改了附录A和C的内容。

本规范由青海省农牧厅提出并归口管理。

本规范起草单位：青海省动物卫生监督所、西宁市动物卫生监督所。

本规范主要起草人：祁国财、李海梅、黑占财、褚荣鹏、尕才仁、马元龙、徐玉峰。

畜禽运输卫生规范

1 范围

本规范规定了畜禽运输者基本要求、运输工具要求、起运前准备、运输要求、运输结束后要求、档案记录等要求。

本规范适用于青海省行政区域内畜禽运输卫生管理要求。

2 规范性引用文件

下列文件对于本文件的应用是必不可少的。凡是注日期的引用文件，仅所注日期的版本适用于本文件。凡是不注日期的引用文件，其最新版本（包括所有的修改单）适用于本文件。

GB/T 13078 饲料卫生标准

NY/T 1168—2006 畜禽粪便无害化处理技术规范

NY/T 5027—2008 无公害食品 畜禽饮用水水质

DB63/T 1652 病害动物及病害动物产品无害化处理技术规程

3 运输者基本要求

3.1 熟悉有关畜禽运输的法律法规规定，禁止运输封锁区与所发生动物疫病有关的、疫区内易感染的、依法应当检疫而未经检疫或者检疫不合格的、染疫或者疑似染疫的、病死或者死因不明的、其他不符合国务院兽医主管部门有关动物防疫规定的畜禽。

3.2 掌握畜禽运输的相关知识。

3.3 自觉接受动物卫生监督机构监督管理与监督检查，跨省运输畜禽应取得所在地动物卫生监督机构出具的动物检疫合格证明（动物A），省内运输畜禽应取得所在地动物卫生监督机构出具的动物检疫合格证明（动物B）。

3.4 使用专用畜禽运输车辆，从指定通道运入目的地。

3.5 具有承担风险和赔偿的能力。

3.6 身体健康，持有有效的健康证明。

4 运输工具要求

根据畜禽种类、数量、体型大小和体质状况以及运输路况、天气条件、运输时间等选择适合的运输工具，运输工具应具备隔离、防滑、观察、通气、照明、温度控制、防疫、消毒、给水和补饲设施、畜禽排泄物收集等设施设备。

5 起运前准备

5.1 申报检疫

畜禽货主向当地动物卫生监督机构申报检疫，经检疫合格取得动物检疫合格证明后方可装载运输畜禽。跨省调运乳用种用动物的，向输入地省级动物卫生监督机构申请检疫审批。

5.2 消毒

5.2.1 将运输工具内外清扫干净，并用清水洗刷。

5.2.2 采用化学消毒药物喷雾消毒法，对运输工具实施由内到外，由上到下喷雾消毒，保持至少15 min以上作用时间。做好个人防护，防止消毒药液灼伤皮肤、眼睛等。严禁使用喷洒过农药的喷雾器喷洒消毒剂。

5.2.3 选择能够有效杀灭病原微生物、无害无异味、无腐蚀性的消毒剂。常用0.5％过氧乙酸溶液、0.2％次氯酸钠溶液，以及有效氯含量为2000 mg/L～5000 mg/L的其他含氯消毒药。

5.3 装载

5.3.1 使用斜坡台、升降板、装卸专用月台等装载畜禽。

5.3.2 斜坡台应设有防止畜禽滑倒的装置，应设置安全围栏以防止畜禽摔倒受伤。

5.3.3 装载应以最小的外力装卸畜禽，最大限度地减少装载和卸载可能引起的应激反应。禁止使用电击棒驱赶畜禽。

5.3.4 家畜装卸行走路线应清楚、实用，应允许其按自由行走的速度上下运输工具。

5.3.5 畜禽装运密度大小应适宜，以使之能自然站立和躺卧。牛、猪、羊（绵羊/山羊）、家禽每平方米载重分别为50 kg～200 kg、120 kg～240 kg、100 kg～150 kg、7 kg～9 kg。

5.3.6 天气炎热时，运输密度应适当降低并增加通风。

5.3.7 应特别注意隔离带角和去角的、不同大小和性别的畜禽。

6 运输要求

6.1 通风

6.1.1 为保证畜禽对温度的适应性，车辆满足规定的最小通风要求，并与所承运的运输距离相适应。

6.1.2 车辆应尽可能保持行驶以利于通风，遇到不可避免的停车，采取进一步措施进行通风和隔离。

6.1.3 气温高于25 ℃或低于5 ℃时，采取适当措施以减少在温度过高或过低时畜禽发生应激反应。

6.1.4 应当避开寒冷和酷热季节运输畜禽。天气恶劣时，通过控制通风以保持良好的车厢环境，否则畜禽运输应延期。

6.2 饮水和给饲

6.2.1 运输时间超过24 h的，中途适时安排畜禽休息，采用适宜方式提供供应饮水和饲料。

6.2.2 饲料应适于运输畜禽采食，尽量按适当的方式给饲。

6.2.3 运输畜禽饮用水必须符合NY/T 5027—2008规定，饲料必须符合GB/T 13078规定。

6.3 排泄物处理和应急措施

6.3.1 畜禽运输过程中产生粪便等污物应当收集在运输工具污物收集设备中。

6.3.2 严禁运输途中随意抛弃畜禽垫料、患病或病死畜禽。

6.3.3 运输中发现畜禽染疫或者疑似染疫的，停止运输，立即报告兽医主管部门、动物卫生监督机构或者动物疫病预防控制机构，并采取隔离等措施，防止动物疫情扩散。染疫动物及其排泄物，病死或者死因不明的动物尸体，运载工具中的动物排泄物以及垫料、包装物、容器等污染物，按照DB63/T 1652处理。

7 运输结束后要求

7.1 畜禽到达输入地后，运输者24 h内向当地动物卫生监督机构报告。

7.2 跨省引进乳用种用动物到达输入地后，进行隔离观察。

7.3 卸载完毕后，在规定场地对运输工具进行清扫、冲洗、消毒，洗消物按照NY/T 1168—2006处理。禁止在社会车辆清洗场所清洗。

8 档案记录

8.1 从事畜禽运输的单位或个人，在运输畜禽时必须建立包括运输畜禽类别、产地、数量、原产地检疫证明内容、起运时间、到达时间、承运人、运载工具车号等的运输信息档案，填写畜禽运输信息登记表（附录A）。接受当地动物防疫监督机构的监督检查。

8.2 动物卫生监督机构建立畜禽运输检疫档案，填写畜禽运输检疫记录表（附录B），并分类检疫证明、检疫证明存根等有关材料。

8.3 畜禽运输各种档案保存3年以上。

附 录 A
（规范性附录）
畜禽运输信息登记表

表 A.1 规定了畜禽运输信息登记表。货主或承运人运输畜禽时填写，报当地动物卫生监督机构备案。

表 A.1 畜禽运输信息登记表

<table>
<tr><td>货主
（承运人）</td><td colspan="2"></td><td>登记日期</td><td colspan="3"></td></tr>
<tr><td>畜禽类别</td><td></td><td>数量</td><td></td><td>用途</td><td colspan="2"></td></tr>
<tr><td>原产地</td><td colspan="6">省(市)　　市(州地)　　县　　乡、镇　　村、养殖场</td></tr>
<tr><td>产地免
疫种类</td><td colspan="4"></td><td>免疫
时间</td><td></td></tr>
<tr><td>监测情况</td><td colspan="6"></td></tr>
<tr><td>检疫合格
证明号</td><td colspan="2"></td><td>起运
日期</td><td></td><td>起运
地点</td><td></td></tr>
<tr><td>到达日期</td><td colspan="2"></td><td colspan="2">到达地点</td><td colspan="2"></td></tr>
<tr><td>运输工具
类型</td><td colspan="2"></td><td colspan="2">车号</td><td colspan="2"></td></tr>
<tr><td rowspan="3">畜禽
去向</td><td colspan="6"></td></tr>
<tr><td colspan="6"></td></tr>
<tr><td colspan="6"></td></tr>
<tr><td>接报单位</td><td colspan="3"></td><td>接报时间</td><td colspan="2"></td></tr>
<tr><td>接报人
（签名）</td><td colspan="3"></td><td>承运人(签名)</td><td colspan="2"></td></tr>
<tr><td>备注</td><td colspan="6"></td></tr>
</table>

附　录　B
（规范性附录）
畜禽运输检疫记录表

表B.1规定了畜禽运输检疫记录表，由动物卫生监督机构的检疫人员在现场检疫时填写保存。

表B.1　畜禽运输检疫记录表

货主或承运人姓名：

<table>
<tr><td>申报日期</td><td colspan="2"></td><td>报检日期</td><td></td><td>检疫地点</td><td colspan="2"></td></tr>
<tr><td>畜禽来源</td><td colspan="4"></td><td>畜禽类别</td><td>数量</td><td></td></tr>
<tr><td>产地免疫种类</td><td colspan="5"></td><td>免疫时间</td><td></td></tr>
<tr><td>运前或运入临床检情况</td><td colspan="7"></td></tr>
<tr><td>检疫合格证明号</td><td colspan="3"></td><td>耳标号</td><td colspan="3"></td></tr>
<tr><td>起运日期</td><td></td><td>起运地点</td><td></td><td>到达日期</td><td></td><td>到达地点</td><td></td></tr>
<tr><td>承运单位</td><td colspan="3"></td><td>车号</td><td colspan="3"></td></tr>
<tr><td>畜禽运入观察起始日期</td><td></td><td>观察截止日期</td><td></td><td>强化免疫种类</td><td colspan="3"></td></tr>
<tr><td>强化免疫日期</td><td colspan="3"></td><td>强化免疫单位</td><td colspan="3"></td></tr>
<tr><td colspan="8">观察期临床表现：</td></tr>
<tr><td>采样检测情况</td><td colspan="7"></td></tr>
<tr><td colspan="8">观察结果及处理意见：</td></tr>
<tr><td>检疫单位</td><td colspan="2"></td><td>检疫时间</td><td></td><td>官方兽医</td><td colspan="2"></td></tr>
<tr><td colspan="8">备注：</td></tr>
</table>

ICS 53.080
CCS X 99
备案号:23560—2008

DB63

青　海　省　地　方　标　准

DB63/T 741—2008

冷藏冷冻机构贮存动物产品检疫技术规范

2008-10-07 发布　　2008-10-01 实施

青海省市场监督管理局　发布

前 言

根据《中华人民共和国动物防疫法》的规定，为规范冷藏冷冻机构贮存动物产品行为，保证冷藏冷冻机构贮存动物产品卫生和安全，特制定本标准。

本标准由青海省农牧厅提出并归口。

本标准由青海省质量技术监督局批准发布。

本标准由青海省西宁市动物卫生监督所起草。

本标准主要起草人：李启成、张成图、涂雪珍、祁永秀、李世红、陈永忠。

冷藏冷冻机构贮存动物产品检疫技术规范

1 范围

本标准规定了冷藏冷冻机构贮存动物产品基本条件、人员条件、入库检疫、监督检查和检疫档案等。本标准适用于冷藏冷冻机构贮存动物产品的检疫监督。

2 规范性引用文件

下列文件中的条款通过本标准的引用而成为本标准的条款。凡是注日期的引用文件，其随后所有的修改单（不包括勘误的内容）或修订版均不适用于本标准，然而，鼓励根据本标准达成协议的各方研究是否可使用这些文件的最新版本。凡是不注日期的引用文件，其最新版本适用于本标准。

GB/T 16548 病害动物和病害动物产品安全处理规程

NY/T 467 畜禽屠宰卫生检疫规范

DB/T 63/559 病害畜禽肉尸及其产品无害化处理技术规程

DB/T 63/560 病害畜禽肉尸及其产品无害化处理监控技术规范

《中华人民共和国动物防疫法》

《动物防疫条件审核管理办法》

《动物检疫管理办法》

3 术语和定义

3.1 肉品

放血后去头、尾、蹄、内脏、带皮或不带皮的肉体。

3.2 鲜肉

保持肉类固有感官性状和理化特性的肉品。

3.3 冷冻动物产品

经过冷冻处理没有改变感官特性和理化特性的动物产品。

3.4 冷藏动物产品

经过冷藏处理没有改变感官特性和理化特性的动物产品。

3.5 分割品

对胴体、脏器、头蹄和可食皮等按不同形状要求进行切割或绞碎后陈列和销售的动物产品。

3.6 包装品

对胴体、脏器、头蹄和可食皮等按不同形状要求进行切割或绞碎后置入不同材质包装后陈列和销售的动物产品。

3.7 动物性食品卫生

为确保人类消费的动物产品的安全和卫生，在生产、加工、贮存、运输和销售动物产品时必须要求的条件和措施。

3.8 动物防疫监督

对各项有关动物防疫的法律、法规、标准、措施执行情况进行检查，并依据检查情况按规定进行督促、批评以至处罚。

3.9 无害化处理

用物理、化学或生物学等方法处理带有或疑似带有病原体的动物尸体、动物产品或其他物品，达到消灭传染源，切断传染途径，破坏毒素，保障人畜健康安全。

3.10 消毒

采用物理、化学或生物措施杀灭病原微生物。

3.11 封存

将染疫或可疑染疫动物产品及其物品放在指定地点并采取阻断性措施（如隔离、密封等）以杜绝病原体传播的一切可能，经有关部门同意后方可移动和解封。

4 基本条件

4.1 冷库基础条件

4.1.1 冷库应建在交通运输便利的范围内，周边无污染源。

4.1.2 具有方便搬运的运作空间。

4.1.3 库区环境卫生符合环保要求，库区路面应当硬化，有良好的排水设施。

4.1.4 库房密封，有防虫、防鼠、防霉设施。

4.1.5 库房设有温度自动记录装置，温度在-18 ℃以下，昼夜温差不超过 1 ℃。

4.1.6 库房保持无污垢、无异味，布局合理，卫生整洁，符合动物性食品卫生要求。

4.1.7 配置清洗消毒设施、设备。

4.1.8 配置染疫动物产品和污水、污物无害化处理设施、设备。

4.1.9 建立动物产品货主档案，详细审查并记录包括姓名、年龄、性别、籍贯、住址、现居住地、联系电话、身份证号、从业人员情况、货品渠道、来源等内容，填写动物产品冷藏机构动物产品货主登记表（见附录A）。

4.1.10 建立动物产品进出库档案，详细审查并记录动物产品进出库情况。

4.1.11 建立健全动物防疫制度。

4.1.12 取得动物防疫条件合格证。

4.2 人员条件

4.2.1 必须安排专门的动物产品贮存查验员负责动物产品的进库验货和出库核查工作。

4.2.2 必须安排专人负责贮存动物产品货主、动物产品经营人员的管理工作。

4.2.3 冷藏冷冻机构动物产品贮存查验员（以下简称查验员）必须取得动物卫生监督机构培训合格证。

4.2.4 动物产品贮存查验员必须无人畜共患传染病和其他可能污染动物产品的化脓性或渗出性皮肤病。取得健康证明。

5 入库检疫

5.1 所有进入冷藏冷冻机构贮存动物产品实行严格的查证验物和登记制度。

5.2 动物产品入库时必须由当地动物卫生监督机构驻库检疫人员或持有动物卫生监督机构培训合格的查验员进行查证验物。

5.3 货主贮存的鲜肉胴体必须来自动物卫生监督机构审核许可的动物定点屠宰场，冷冻肉品必须来自有资质的冷藏机构，动物产品分割品、包装品必须来自有生产加工资质的机构。

5.4 货主贮存的动物产品来自定点屠宰场，持有“动物产品检疫合格证明”，胴体加盖检疫合格验讫印章。动物产品分割品、包装品外包装应加贴检疫合格标识。

5.5 货主贮存的动物产品来自外埠，持有“出县境动物产品检疫合格证明”“动物及动物产品运载工具消毒证明”，有关产品须持“非疫区证明”，胴体加盖检疫合格验讫印章。动物产品分割品、包装品外包装应加贴检疫合格标识。

5.6 贮存动物产品经现场查证验物，证物相符，检疫证明在有效期内的，由查验员收回检疫证明，填写“动物产品入库查验登记单”（见附录B），并将检疫证明、运载工具消毒证明和非疫区证明粘贴在“动物产品入库查验登记单”上，建立动物产品入库档案备查。

5.7 对没有动物产品检疫合格证明或证物不符者，按无检疫证明对待，报当地动物卫生监督机构处理。

5.8 对检疫不合格的动物产品、包装物、废弃物等，应当在当地动物卫生监督机构人员的监督下做无害化处理。

5.9 不同产品（包括不同品种、不同产地、不同进库时间、不同的货主）不得在同一区域混合堆放。分区分产品堆放，保持库内过道通畅整洁。

5.10 冷藏冷冻机构每月5日前必须将上月入库动物产品情况及相关资料向当地动物卫生监督机构进行报告核查备案。

6 出库检疫

6.1 动物产品出库时，必须由当地动物卫生监督机构驻库检疫人员或持有动物卫生监督机构培训合格证的查验员进行货物查验，填写“贮存动物产品出库查验登记单”（见附录C）进行出库登记。

6.2 动物产品进入辖区（冷藏冷冻机构所在地的县级区域内），货主必须向当地动物卫生监督机构或驻库检疫人员申报检疫，检疫人员经检疫合格后出具“动物产品检疫合格证明”。

6.3 动物产品调运出县境，货主必须向当地动物卫生监督机构或驻库检疫人员申报检疫，检疫人员经检疫合格后出具“出县境动物产品检疫合格证明”“动物及动物产品运载工具消毒证明”，有关产品根据当时情况出具“非疫区证明”。

6.4 产品出库后冷藏冷冻机构应当及时清理残留物并做好有效的消毒处理。

7 监督检查

7.1 贮存的动物产品符合5.3、5.4、5.5条件。

7.2 贮存搬运动物产品的用具、工具应当随时清洗和消毒，保持经常性干净卫生。

7.3 冷藏冷冻库房应当按规定要求定期进行除异味和消毒。

7.4 贮存的动物产品包装材质应当符合食品卫生要求。

7.5 冷藏冷冻机构要加强对动物产品贮存管理，从入库查证验物、货物堆放、出库核对到出入库登记建档应建立安全监督机制，采取有效措施，确保贮存动物产品安全卫生。

7.6 动物卫生监督机构对冷藏冷冻机构贮存动物产品情况每月至少检查2次。

7.7 动物卫生监督机构对冷藏冷冻机构贮存动物产品定期进行采样检测。

7.8 监督检查中发现无检疫证明、证物不符、检疫证明逾期、胴体没有全国统一动物检疫合格验讫印章、包装品没有检疫合格标识的动物产品，应立即通知冷藏冷冻机构，停止贮存或出库，对涉及动物产品采取封存措施，实施补检。

7.9 监督检查中发现染疫或疑似染疫的，检疫不合格的，腐败变质或气味、颜色、味道异常，被污染等情况的，对涉及动物产品采取封存措施，按GB/T 16548规定处理。

8 检疫监督档案

8.1 冷藏冷冻机构建立内容包括收回的检疫证明、动物产品入库登记表、动物产品出库登记表等其他相关材料的贮存动物产品档案，接受当地动物卫生监督机构的监督检查。

8.2 动物卫生监督机构建立冷藏冷冻机构贮存动物产品检疫监督档案，内容包括冷藏冷冻机构贮存基本条件、入库检疫、出库检疫、监督检查处理情况及相关书证，并分类保存收取的检疫证明、出具检疫证明存根、登记的各种记录和其他有关材料。

8.3 各种检疫档案保存3年以上。

附　录　A
（规范性附录）
冷藏冷冻机构贮存动物产品货主登记表

冷藏冷冻机构名称：　　　　　　　　　　　　　　　　　编号：

<table>
<tr><td colspan="2">姓名</td><td>性别</td><td>年龄</td><td>民 族</td><td>籍贯</td><td colspan="2">动物防疫合格证号</td></tr>
<tr><td colspan="2"></td><td></td><td></td><td></td><td></td><td colspan="2"></td></tr>
<tr><td>身份证号</td><td colspan="3"></td><td>现住址</td><td colspan="3"></td></tr>
<tr><td>贮存范围</td><td colspan="3"></td><td>门店及区位号</td><td></td><td>电话</td><td></td></tr>
<tr><td rowspan="5">从业
人员
情况</td><td>姓名</td><td>性别</td><td>年龄</td><td>民族</td><td>籍贯</td><td colspan="2">住址</td></tr>
<tr><td></td><td></td><td></td><td></td><td></td><td colspan="2"></td></tr>
<tr><td></td><td></td><td></td><td></td><td></td><td colspan="2"></td></tr>
<tr><td></td><td></td><td></td><td></td><td></td><td colspan="2"></td></tr>
<tr><td></td><td></td><td></td><td></td><td></td><td colspan="2"></td></tr>
<tr><td colspan="2">主营产品来源</td><td colspan="6">1.
2.
3.
4.</td></tr>
<tr><td rowspan="7">产品
供应
去向</td><td rowspan="2">门店名称</td><td colspan="4">产 品 名 称</td><td colspan="2">期限</td></tr>
<tr><td>1.</td><td>2.</td><td>3.</td><td>4.</td><td colspan="2"></td></tr>
<tr><td></td><td></td><td></td><td></td><td></td><td colspan="2"></td></tr>
<tr><td></td><td></td><td></td><td></td><td></td><td colspan="2"></td></tr>
<tr><td></td><td></td><td></td><td></td><td></td><td colspan="2"></td></tr>
<tr><td></td><td></td><td></td><td></td><td></td><td colspan="2"></td></tr>
<tr><td></td><td></td><td></td><td></td><td></td><td colspan="2"></td></tr>
<tr><td colspan="8">备注：</td></tr>
</table>

附 录 B
（规范性附录）
动物产品入库查验登记单

冷藏冷冻机构名称： 编号：

货主姓名： 入库贮存日期：

产品名称： 数量(吨)： 产地：

运载车辆车号：

查证验物情况：

检疫结果：

原始检疫证明号： 运载工具消毒证号： 非疫区证明号：

原始证明签发日期： 到达地点：

货主签名： 检疫员或产品查验员签名：

原始检疫证粘贴处

本单一式两联，一联由冷藏冷冻机构存根，二联交货主贮存货物用。

备注：一联附贴原始检疫合格证明、运载工具消毒证明和非疫区证。

附　录　C
（规范性附录）
贮存动物产品出库查验登记单

冷藏冷冻机构名称： **编号：**

货主姓名： 出库日期：

产品名称： 数量(吨)： 产品入库登记单编号：

产品去向： 运载车辆车号：

查证验物情况：

检疫结果：

货主签名： 产品查验员或检疫员签名：

本单一式两联，一联由冷藏冷冻机构存根，二联交货主保存。

ICS 11.220
CCS B 41
备案号:59450—2018

DB63

青 海 省 地 方 标 准

DB63/T 1653—2018

冷藏动物产品冷库管理规范

2018-03-22发布 2018-06-22实施

青海省质量技术监督局 发布

前 言

本规范按照GB/T 1.1—2009的规则编写。

本规范由青海省农牧厅提出并归口管理。

本规范起草单位：青海省动物卫生监督所、西宁市动物卫生监督所 。

本规范主要起草人：祁国财、黑占财、褚荣鹏、李海梅、杨永斌、叶成红、史彦蓉。

冷藏动物产品冷库管理规范

1 范围

本规范规定了冷库贮藏动物产品过程中冷库环境卫生、冷藏条件、冷藏管理、出入库要求、档案管理等基本要求和管理准则。

本规范适用于青海省行政区域内冷库贮藏动物产品活动管理。

2 术语与定义

下列术语和定义适用于本文件。

2.1 冷库

采用人工制冷降温并具有保温功能的仓储用建筑物。本规范中冷库用于冷藏和冷冻动物产品，其中温度在0 ℃～4 ℃为预冷间（排酸间），在0 ℃左右为冷却间，在-4 ℃～-10 ℃为贮冰间，在-12 ℃～-20 ℃为冷藏间，在-23 ℃～-30 ℃为冻结间。

3 基本条件

3.1 厂区环境

3.1.1 冷库应建在交通运输便利的区域，远离有害气体、灰尘烟雾、粉尘及其他有污染源的地段。

3.1.2 生产区与生活区应当分开，生活区对生产区不应造成影响。

3.1.3 厂区主要道路要硬化，路面平整，易冲洗，无积水，有良好的排水设施。

3.1.4 生产区具有方便搬运的运作空间。

3.1.5 厂区应当设置污水处理、废弃物、染疫动物产品、垃圾暂存等设施。污水、废弃物、染疫动物产品、垃圾等处理和排放应符合国家有关规定要求。

3.1.6 厂区内不应兼营、生产、存放有碍动物产品卫生的物品。

3.1.7 有无害化处理设施。

3.2 冷库要求

3.2.1 库房布局合理，应按贮藏动物产品的特性、温度等要求分预冷间（排酸间）、冷却间、贮冰间、冷藏间、冻结间，标识清晰且容积满足贮藏需要。

3.2.2 具有温度、湿度测定设备，监测制冷系统运行状况，定时做好运行记录。

3.2.3 库房密封，安装耐低温、防潮防尘型照明设施；有防虫、防鼠、防毒设施。

3.2.4 配置清洁消毒设施、设备，库内工作器具应定期清洁和消毒。库内应干净整洁、无杂物、无异味，卫生整洁符合动物产品卫生要求。

4 贮藏管理

4.1 遵循先进先出、分区存放的原则。掌握贮藏安全期，定期进行质量检查，不得贮藏和销售变质、酸败、脂肪变黄等动物产品。根据动物品种、胴体、分割品、头、内脏、包装品等分门别类有序整齐存放，带皮肉不能与去皮肉混放，鱼类不能与肉类混放。

4.2 清真动物产品的贮存应符合民族习俗的要求，库房、搬运设备、计量器具、工具等应专用。

4.3 冷库管理员对出入库动物产品进行查证验物，查验入库产品的动物检疫合格证明和检疫合格标志，并做好出入库记录，包括货主姓名、联系电话、数量、种类、检疫合格证号、产品来源去向等信息。

4.4 动物产品出库时，货主应当向所在地动物卫生监督机构申报检疫，经检疫合格取得动物产品检疫合格证明后方可出库上市销售。

4.5 动物产品（冻结肉）冷冻安全贮藏期参见附录A。

4.6 动物产品不可直接放在地面上，应以栈板垫高，隔墙离地10 cm～20 cm，同时不可占用走道。

4.7 应定期对冷库进行清洗、整理，经常保持库房内无冰碴、无血水。产品出库后应当及时清理残留物并做好有效的消毒处理。

4.8 动物产品搬运设备应能在低温环境下正常运行，定期清洗消毒，保持干净卫生。

4.9 动物产品包装材质应当符合动物产品卫生要求。

4.10 非作业人员未经许可不得进入冷库，无进出货时冷库门应处于常闭状态。

4.11 发现依法应当检疫而未经检疫（包括无检疫证明、证物不符、检疫证明逾期、胴体没有动物检疫合格验讫印章、包装品没有检疫合格标识等）的，检疫不合格的，染疫或疑似染疫的，腐败变质或气味、颜色、味道异常的，被污染的等情况的动物产品，应立即停止入库贮藏或出库，对涉及动物产品进行无害化处理。

5 档案管理

建立包括姓名、年龄、性别、籍贯、住址、现居住地、联系电话、身份证号、从业人员情况、货品来源去向等内容的档案，填写“冷库租赁户、货主登记表”（附录A）、“动物产品入库（查验）登记表”（附录C）、“动物产品出库（查验）登记表”（附录D）。各种档案保存3年以上。

附 录 A
(规范性附录)
冷库租赁户、货主登记表

表A.1规定了冷库租赁户、货主登记表。

表A.1 冷库租赁户、货主登记表

冷库名称: 编号:

<table>
<tr><td colspan="2">姓名</td><td>性别</td><td>年龄</td><td>民族</td><td>籍贯</td><td>身份证号</td></tr>
<tr><td colspan="2"></td><td></td><td></td><td></td><td></td><td></td></tr>
<tr><td colspan="2">现住址</td><td colspan="3"></td><td>联系电话</td><td></td></tr>
<tr><td colspan="2">租赁(贮藏)库房号</td><td colspan="3"></td><td>详细地址</td><td></td></tr>
<tr><td rowspan="5">从业人员情况</td><td>姓名</td><td>性 别</td><td>年 龄</td><td>民 族</td><td>籍贯</td><td>现住址</td></tr>
<tr><td></td><td></td><td></td><td></td><td></td><td></td></tr>
<tr><td></td><td></td><td></td><td></td><td></td><td></td></tr>
<tr><td></td><td></td><td></td><td></td><td></td><td></td></tr>
<tr><td></td><td></td><td></td><td></td><td></td><td></td></tr>
<tr><td rowspan="7">主营产品来源</td><td>产品名称</td><td colspan="3">基本固定来源</td><td>产品名称</td><td>基本固定来源</td></tr>
<tr><td></td><td colspan="3"></td><td></td><td></td></tr>
<tr><td></td><td colspan="3"></td><td></td><td></td></tr>
<tr><td></td><td colspan="3"></td><td></td><td></td></tr>
<tr><td></td><td colspan="3"></td><td></td><td></td></tr>
<tr><td></td><td colspan="3"></td><td></td><td></td></tr>
<tr><td></td><td colspan="3"></td><td></td><td></td></tr>
<tr><td rowspan="6">产品基本去向</td><td>产品名称</td><td colspan="3">销往地区</td><td colspan="2">门店、摊位</td></tr>
<tr><td></td><td colspan="3"></td><td colspan="2"></td></tr>
<tr><td></td><td colspan="3"></td><td colspan="2"></td></tr>
<tr><td></td><td colspan="3"></td><td colspan="2"></td></tr>
<tr><td></td><td colspan="3"></td><td colspan="2"></td></tr>
<tr><td></td><td colspan="3"></td><td colspan="2"></td></tr>
<tr><td colspan="7">备注:</td></tr>
</table>

附　录 B
（资料性附录）
肉品（冻结肉）冷冻安全贮藏期

表B.1列出了肉品（冻结肉）冷冻安全贮藏期。

表B.1　肉品（冻结肉）冷冻安全贮藏期

肉品种类	温度(℃)	相对湿度(%)	贮藏期限(月)
牛肉	-18～-23	90～95	9～12
小牛肉	-18	90～95	8～10
猪肉	-18～-23	90～95	7～10
猪肉	-29	90～95	12～14
猪肉片	-18	90～95	6～8
猪肉	-18	90～95	3～12
羊肉	-18～-23	90～95	8～11
兔肉	-18～-23	90～95	6～8
禽类	-18	90～95	3～8
内脏(包装)	-18	90～95	3～4

附 录 C
（规范性附录）
动物产品入库（查验）登记表

表C.1规定了动物产品入库（查验）登记表，本表一式两联，一联由冷库存根（建档），背面必须附贴经申报检疫换取的动物检疫合格证明、检测报告等，二联交货主贮藏货物用。

表C.1 动物产品入库（查验）登记表

No：

货主姓名：　　　　　　　　　　　联系电话：

入库查验日期		冷库名称 及库号	
产品名称		包装材质 与包装状况	
原产地检疫 合格证签发日期		原产地检疫合格证 到达地点	
原产地检疫 合格证号码		运输车辆号码	
原产地检疫 合格证签发数量	____________头/只/公斤 ____________箱/袋	实际查验数量	____________头/只/公斤 ____________箱/袋
包装规格	____________公斤/箱/袋	生产日期	年　月　日
包装产品 检疫合格标识	是否加贴大标识__________ 是否加贴小标识__________	标识加贴单位	
生产地	省　　　　市　　　　县		
生产单位名称		违禁药品检测报告 号码(附报告)	
上一级供应商		保质期至	年　月　日
现场查验情况：			
查验人 签名		货主 签名	

附 录 D
（规范性附录）
动物产品出库（查验）登记表

表D.1规定了动物产品出库（查验）登记表，本表一式两联，一联由冷库存根，二联交货主保存。

表D.1 动物产品出库（查验）登记表

No：

货主姓名： 联系电话：

<table>
<tr><td>出库查验日期</td><td></td><td>冷库名称
及库号</td><td></td></tr>
<tr><td>产品名称</td><td></td><td>出库数量</td><td>______头/只/公斤
______箱/袋</td></tr>
<tr><td>产品入库
查验单编号</td><td></td><td></td><td></td></tr>
<tr><td>实际入库数量</td><td>______头/只/公斤
______箱/袋</td><td>包装规格</td><td>______公斤/箱/袋</td></tr>
<tr><td>包装产品
检疫合格标识</td><td>是否加贴大标识______
是否加贴小标识______</td><td>标识加贴单位</td><td></td></tr>
<tr><td>生产地</td><td>省 市 县</td><td>生产单位名称</td><td></td></tr>
<tr><td>产品去向</td><td colspan="3"></td></tr>
<tr><td colspan="4">备注：</td></tr>
<tr><td>查验人
签名</td><td></td><td>货主
签名</td><td></td></tr>
</table>

第六篇

品牌建设

ICS 67.120.10
CCS X 22
备案号:63522—2019

DB63

青海省地方标准

DB63/T 1754—2019

地理标志产品 贵南黑藏羊

Geographical indication product GuiNan black Tibetan sheep

2019-06-19发布 2019-09-01实施

青海省市场监督管理局 发布

前言

本标准根据国家质量监督检验检疫总局颁布的《地理标志产品保护规定》和GB/T 17924—2008《地理标志产品标准通用要求》制定。

本标准按照GB/T 1.1—2009的规则编写。

本标准由青海省市场监督管理局提出并归口。

本标准起草单位：贵南县农牧和水利局、贵南县黑羊场。

本标准起草人：旦正才旦、旦正杰、杨振珍、王小红、李元海、旦正巷前。

地理标志产品贵南黑藏羊

1 范围

本标准规定了地理标志产品贵南黑藏羊的术语、定义、产品保护范围、生产技术要求、产品质量、试验方法、标志、标签、包装、贮存和运输等技术要求。

本标准适用于国家质量监督检验检疫行政主管部门根据《地理标志产品保护规定》批准保护的贵南黑藏羊的生产、加工、销售及产品质量监管。

2 规范性引用文件

下列文件对于本文件的应用是必不可少的。凡是注日期的引用文件，仅所注日期的版本适用于本文件。凡是不注日期的引用文件，其最新版本（包括所有的修改单）适用于本文件。

GB/T 5009.5 食品安全国家标准 食品中蛋白质的测定

GB/T 5009.6 食品安全国家标准 食品中脂肪的测定

GB/T 7718 食品安全国家标准 预包装食品标签通则

GB/T 9961 鲜、冻胴体羊肉

GB/T 12694 食品安全国家标准 畜禽屠宰加工卫生规范

GB/T 22210 肉与肉制品感官评定规范

GB/T 28640 畜禽肉冷链运输管理技术规范

SB/T 10659 畜禽产品包装与标识

DB63/T 435 牛、羊规模饲养防疫技术

DB63/T 1185 羊屠宰检疫技术规范

《地理标志产品保护规定》（国家质量监督检验检疫总局令第78号）

《关于发布地理标志保护产品专用标志比例图的公告》（国家质量监督检验检疫总局2006年第109号公告）

3 术语和定义

下列术语和定义适用于本标准。

3.1 贵南黑藏羊

在地理标志产品保护范围内，按本标准要求进行饲养管理、屠宰加工、生产所取得的质量符合本标准要求的羊肉。

4 地理标志产品保护范围

保护范围为青海省海南藏族自治州贵南县现辖行政区域内茫曲镇、过马营镇、塔秀乡、森多镇、

茫拉乡、沙沟乡。

5 生产技术要求

5.1 品种

贵德黑裘皮羊。

5.2 生产条件

饲养环境在海拔3200 m～4500 m之间的高寒草地。

5.3 饲养管理

5.3.1 饲养方式

夏季放牧饲养。冬季放牧饲养为主，舍饲为辅。

5.3.2 季饲养管理

将天然草地划分成冬春牧场和夏秋牧场分别进行围栏轮牧。养殖期间，白天于天然草地放牧，归牧后补饲适量精饲料，为期50天～60天。

5.3.3 饲草料条件

主要以天然牧草为主，每天每只羊补饲精料200 g～400 g，精料由当地产青稞、燕麦、油菜籽粕以及矿物质等组成。

5.4 防疫要求

饲养防疫技术要求按照DB63/T 435执行。

5.5 出栏要求

年龄为12月龄～18月龄，活体重25 kg～30 kg。

5.6 屠宰加工

5.6.1 羊源

来自地理标志产品保护范围内，符合本文件5.1～5.5要求的健康羊只。

5.6.2 屠宰要求

屠宰前24小时停止放牧和给料，宰前2小时禁水。屠宰检疫技术要求按照DB63/T 1185规定执行。屠宰加工卫生要求按照GB/T 12694规定执行。

6 质量特色

6.1 感官要求

贵南黑藏羊肉感官要求应符合表1的规定。

表1 地理标志保护产品贵南黑藏羊肉感官指标

项目	鲜羊肉	冻羊肉(解冻后)
色泽	肌肉呈红色,有光泽,脂肪呈白色	肌肉呈红色,有光泽,脂肪呈白色
组织状态	纤维清晰有坚韧性	纤维清晰有坚韧性
弹性	弹性好,指压后的凹陷立即恢复	弹性好
黏度	外表湿润不黏手,切面湿润	外表微干或湿润,不黏手
气味	具有鲜羊肉特有气味,无臭味,无异味	解冻后具鲜羊肉特有气味,无异味
肉汤状态	清明透彻,脂肪团聚于表面,具有香味	清明透彻,脂肪团聚于表面,具有香味

6.2 理化指标

贵南黑藏羊肉理化指标应符合表2的规定。

表2 地理标志保护产品贵南黑藏羊肉理化指标

检测项目	指标
胴体重(kg)	12～15
肌肉蛋白质含量(g/100 g)	19～24
肌肉脂肪含量(g/100 g)	≤3.0

6.3 安全指标

产品安全和微生物指标应当符合GB/T 9961。

7 试验方法

7.1 感官测定

按照GB/T 22210规定的方法进行测定。

7.2 脂肪测定

按照GB/T 5009.6规定的方法进行测定。

7.3 蛋白质测定

按照GB/T 5009.5规定的方法进行测定。

7.4 安全指标

安全和微生物指标按照GB/T 9961规定的方法进行测定。

8 标志、标签、包装、贮存和运输

8.1 标签

产品标签应符合GB/T 7718的规定。产品标签所标注内容应符合国家相关规定，还应标注地理标志产品名称“贵南黑藏羊”产地，以及其他需要标注的内容。

8.2 标志

地理标志产品专用标志应符合国家质量监督检验检疫总局2006年第109号公告的要求，使用应符合《地理标志产品保护规定》的要求。

8.3 包装

包装应符合SB/T 10659的规定。

8.4 贮存

地理标志保护产品贵南黑藏羊鲜肉在相对湿度75%～85%、温度0 ℃～4 ℃的条件下贮存；冻羊肉在相对湿度90%～100%、温度18 ℃的条件下贮存，冷藏温度一昼夜升降幅度不超过1 ℃ 。

8.5 运输

按照GB/T 28640规定执行。

附录

典型企业案例

青海金门牛食品开发有限公司

一、企业情况介绍

青海金门牛食品开发有限公司于2005年6月成立，2016年迁入门源县生物园区。注册资金2200万元。公司始终秉承“绿色生态、质量为本、诚信敬业、服务社会”的发展理念，以打造高端牛羊肉制品龙头企业为目标，形成了集生态养殖、牛羊屠宰、精深加工、冷链物流、电子商务、观光旅游、产品销售为一体的“七位一体”全产业发展生态链条。公司先后获商务部全国农产品冷链流通标准化试点合格企业、省级农牧业产业化重点龙头企业、省级产业化扶贫龙头企业等称号。

二、产业链条构建

标准化原料基地：公司投资2000余万元，流转天然草场5000余亩，年养殖放牧繁殖母牛1780余头、羊600只。建成16128平方米的养殖大棚4个，1000平方米饲草料大棚2个，3000立方米青贮玉米窖3个，500平方米污粪处理大棚1个，12000平方米硬化道1条，200平方米畜疫防治室1个。

集约化加工链条：公司按照“环境生态化、设施现代化、养殖生产加工标准化、管理规范化、产品有机化”的标准要求，投资5300万元建成标准化冷鲜肉加工车间2700平方米，精分割生产线3条，污水处理设备及管网齐全，日处理能力达200吨。建成年生产3000吨牛羊肉熟食及农畜产品加工车间3520平方米，安装生产线4条，并通过了ISO9000质量管理体系认证和ISO22000认证食品安全管理体系。

三、仓储营销模式

公司建成线下3000吨冷鲜冷冻仓储，拥有冷链运输车辆及配送车辆13台，以全程冷链配送方式保证产品质量，产品已进入深圳、浙江、江苏等多地市场。累计销售系列产品1130余吨，完成产值9120万元，实现销售收入8277万元，实现税收57万元。同时，借助县电子商务平台，公司建立了产品直播展示厅和专业的直播团队，并成功对接多个线上平台。线下拥有商超、专卖店、餐饮店等销售点。

四、联农带农效果

公司以产业帮扶助力脱贫，与东川镇、泉口镇等19个村镇签订了扶贫资金入股分红协议，受益建档立卡贫困户119户2492人，人均分红收益500元。坚持走“企业+专业合作社+农牧户”的产业化发展之路，长期与门源县皇城乡、仙米乡等22个养殖专业合作社及830户牧民签订高于市场价的收购协议，促进农牧民增收245万元。每年安置下岗职工及农牧区富余劳动力74名，与贫困户结成对子，每年帮扶物资6.17万元。

五、产品品牌打造

借助海北州“红色、绿色、特色”定位，打好生态保护与全域旅游和谐发展的“组合拳”，成功打造并推广“雪域祁连”牦牛、藏系羊产品品牌，同时为丰富消费者的不同需求，公司在满足现有生产的条件下，研发不同品类产品供应市场。让更多的消费者认识和了解“雪域祁连”牦牛、藏系羊产品，真正实现“雪域祁连”的价值。

青海开泰农牧开发有限公司

一、企业情况介绍

青海开泰农牧开发有限公司位于青海省海西州都兰县，创立于2003年，总占地300余亩。公司以“沃田兴农、产业兴牧、惠泽高原、服务民生”为企业发展宗旨，是一家藏羊全产业链标准化农牧企业，业务涵盖牧草种植、饲料生产、藏羊养殖、肉食品加工、有机肥生产、活畜交易、电子商务和冷链销售物流服务，年产值1亿元以上。

二、产业链条构建

标准化养殖基地：公司牵头认证有机草场16万亩，覆盖牧户300余户，年收购藏羊10000余只。在种植区发展藏羊绿色养殖基地项目，发挥种植优势，委托当地农户进行饲草种植，养殖基地定向收购，助推当地的“农改饲”事业，形成了“藏羊产销共同体”“公司＋基地＋专业合作社＋农牧户”“羊粪收购＋羊粪有机肥加工＋有机农业种植”等多种生态循环发展的新型种养结合的模式，年出栏藏羊10000余只。

集约化加工链条：新建都兰县藏羊产业园区，拥有先进的加工生产线，年屠宰藏羊10万～30万只，精深加工产品品类100余种，产品1000吨。通过“龙头企业+基地+专业合作社+农牧户”的经营模式，和县域内2000多户牧民签订了长期畜产品收购合同，年收购加工销售藏羊30万只以上。建成年产10万吨有机肥项目，收购牧区圈舍的羊板粪以及养殖基地的禽畜粪便，带动了当地牧户增收，使县域内畜禽废弃物得到了资源化、无害化和循环化利用。

网络化服务体系：公司通过近10年的电商实践，生鲜藏羊肉电商销售量稳居青海首位，并打造专业第三方生鲜电商平台供应商，为国内各类电商平台提供货源供应、产品代发、冷链仓储等服务。2022年电子商务销售额完成了3000万元，并入驻国内100余家生鲜电商平台。2021年投入运营的香日德镇活畜交易市场，年交易藏羊活畜50万只以上，成为青海柴达木盆地最大的活畜交易市场。

三、仓储营销模式

公司在青海省内开设实体店10余家，并入驻北京、上海、广州以及东南沿海地区的商超、专卖店、高端餐饮等100余家线下实体店，已经形成稳定持续的供应关系。公司从2013年率先进行生鲜藏羊肉电子商务销售，采用“农牧户+企业+互联网+文化+旅游”模式打造复合型网络交易平台，成为一家专业第三方生鲜电商平台供应商，为国内各类电商平台提供货源供应、贴牌加工、产品代发、冷链仓储等服务。在生产基地和青海省西宁市建立电商发货中心，目前已具备1000吨仓储规模，并配套冷链物流，省内发货中心作为原产地发货仓。同时在北京、上海、西安建立第三方前置生鲜冷链发货仓，通过多方物流配送方式将生鲜牛羊肉电商产品及时、安全、有效的配送到终端客户手中，目前已具备年发货100万单生鲜电商供应链能力。

四、联农带农效果

2020年，公司结合11家企业、合作社及家庭农场共同组建青海东昆仑藏羊产业化联合体，将饲草种植、藏羊养殖、肉食品加工、活畜交易和电子商务紧密联合在一起，实现经营的稳定性和利润的最大化。公司销售额以30%的幅度逐年递增，产品质量不断提升，以“公司+基地+牧户”模式，通过牛羊收购、粪便回收和基地就业，带动了1000余户牧民发展，2020年户均增收3220元；2016年入选全国脱贫先进典型案例，同年评为全国“互联网＋”现代农业百佳实践案例。

五、产品品牌打造

现拥有“东昆仑”“藏洋洋”“柴沃”三个产品品牌。公司通过严格遵循产品生产标准、建立健全产品追溯体系，完善信用体系，确保产品品质符合标准化要求，不断加强产品生产全过程管理，确保产品质量。“东昆仑”品牌肉食品系列产品具备“绿色”“有机”的特点，深受广大消费者信赖。2020年“东昆仑”藏羊肉产品荣获“青海省绿色有机农畜产品百佳优品”称号。目前，公司致力于打造“东昆仑”品牌青字号农畜品牌，做大做强藏羊产业，推动乡村振兴战略，带动广大农牧民增收。

青海三江一力农业集团有限公司

一、企业情况介绍

青海三江一力农业集团有限公司成立于2009年5月，是一家集饲草种植、饲料加工、肉牛养殖、有机肥生产、肉牛屠宰加工、餐饮连锁、终端销售及进出口业务的现代化农牧业企业集团公司。公司现有六家子公司，分别为青海众和肉食品有限公司、青海茶马互市市场管理有限公司、青海河湟青牧饲料科技开发有限公司、湟源从为畜牧科技开发有限公司、湟源三江众和生物有机肥有限公司、湟源托富所草业有限公司。

二、产业链条构建

作为国家级农牧业产业化龙头企业，经过几年的磨合和发展，形成以集团公司为中心，以旗下分公司为各产业链终端的全产业链发展体系，完成了“公司+合作社+养殖户”的生产管理模式，实现了企业和养殖户收益最大化。

标准化原料基地：子公司青海河湟青牧饲料科技开发有限公司建于2009年7月，建成年设计生产能力5万吨配有中控系统的配合饲料生产线一条，年生产能力3000吨复合预混合饲料生产线一条。公司和青海大学饲料科学专业团队经多年研发，将NSP酶（非淀粉多糖酶）和中草药替代抗生素新技术转化并推广，达到改善和提高舍饲牛羊肉的质量和风味，受到社会各界的肯定和欢迎，公司的产品销售收入逐渐增加，养殖户应用后效益显著增加。

子公司湟源从为畜牧科技开发有限公司成立于2018年，现有牛舍15个、青贮池2个、青干草库2个、TMR饲喂机1台、存栏肉牛1500余头。作为全产业链中重要的生产环节，养殖场搭建了牛舍养殖监控系统、TMR饲喂监测系统、肉牛发情监测系统和养殖追溯系统，实现了智慧化畜牧养殖的转型，为集团提供优良的肉牛品种。

集约化加工链条：子公司青海众和肉食品有限公司于2013年4月投资建成，占地面积27072平方米，是湟源县首家牛羊肉产品冷链物流企业。公司现有先进牛、羊屠宰线各一条，生产规模为：牛屠宰量150头/班，羊屠宰量600只/班，牛、羊单次排酸能力27吨，产品速冻能力54吨，冷藏库存能力2000吨。公司建立完善的营销网络体系，其中直销店1家、营销点34家、配送点1家、冷链配送车2辆，保证了100小时内从屠宰、分割、排酸、冷冻、配送到餐桌的产品新鲜度。公司为集团饲养的优质肉牛，肉质鲜嫩，并且屠宰率高达58%，现以生牛肉为主的肉类品牌“托牛所”向全国各地进行分销。

子公司湟源三江众和生物有机肥有限公司成立于2013年，已建成有机肥粉碎车间200平方米，造粒车间660平方米，发酵车间1320平方米，仓库3300平方米，年设计生产能力2万吨。公司和大学合作研发的“托康所”生物有机肥，在改善各类耕地土壤结构、增加土地肥力、天然绿色品质等方面取得了显著效果。

网络化服务体系：子公司青海茶马互市市场管理有限公司成立于2018年，是集线下与线上相结合的综合化互联网科技子公司，以线下48条牛羊屠宰线为依托，建成了集市场分类、价格指数分析、信息交流、活畜交易、线上结算等为一体的青海省首个线上产业链数字化平台。茶马互市活畜交易市场占地面积56亩，建成线下活畜交易场地1万余平方米，配套建设互联网交易平台，实现“线上+线下”交易，年交易量30万头，交易额达2.2亿元。

三、仓储营销模式

集团自成立以来，为确保产品的品质和安全性，经多次核查顺利申请了清真食品生产许可证。为实现真正的食品溯源，通过了质量和食品安全管理体系认证。2017年投资600万元实施了“从牧场到餐桌”的肉产品安全全程追溯体系系统，以保证产品屠宰、加工、冷藏、冷链及销售一条龙服务。

四、联农带农效果

集团以产业帮扶助力脱贫攻坚，衔接乡村振兴，与大华镇巴汉村、日月乡本炕村等7个贫困村117户374人，建立帮扶关系，通过企业技术人员对养殖、种植的科学指导和企业保价收购牛羊等方式，增加了贫困户的收入，大大激发了养殖户的积极性，解决了当地的就业问题，实现脱贫致富。

五、产品品牌打造

集团全力打造“茶马互市”的牛羊肉领导品牌，助力实现青海省的牛羊肉品牌梦，让世界认识青海牛羊肉，让青海牛羊肉走向世界。

青海五三六九生态牧业科技有限公司

一、企业情况介绍

青海五三六九生态牧业科技有限公司于2011年在果洛州落地，是一家集牦牛高效养殖、屠宰加工、仓储物流、科技研发、品牌打造为一体的全产业链发展的国家级重点龙头企业。公司下属有3家全资子公司，有2个养殖基地，1个牦牛肉产品加工基地，1个总投资2.05亿元的青藏高原牦牛产业示范园。公司按照“以牛为本，走原生态、持续、高效、高值”的理念，致力于青藏高原现代生态畜牧业的发展。

二、产业链条构建

标准化养殖加工：公司先后在果洛州久治县、甘德县，海南州贵南县，玉树州囊谦县等地区建立了牦牛养殖和初加工基地，与当地合作社建立了牦牛产业化联合体。为了保证产出高质量的牦牛肉，公司对牦牛源头严格把关，只精选3周岁大的健壮牦牛并通过全方位体检后方可生产，整个生产线采用最先进的全程冷链、强排酸等先进工艺。现有60多种冷链产品和20多种即食产品赢得全国各地市场认可，产品供应全国各地多家体育单位，作为体育健儿的营养补给食材。

“产学研用”协同创新：2016年，公司成立五三六九牦牛研究院，拥有博士8人、教授12人的核心研发团队，坚持走“产学研用”合作道路，通过自主创新、集成创新和引进消化吸收再创新等多种方式实现技术升级。目前，公司拥有发明专利2项，实用新型专利24项，外观专利9项，企业标准7个，参与制定地方标准2个，行业标准1个，科技成果2项，初步建立了以技术标准为核心、以管理标准和工作标准相配套的标准体系。

三、仓储营销模式

全程冷链物流满足了公司牦牛产品从牧场到工厂、从工厂到线上线下商超、从线上线下商超到餐桌、从餐桌到私人订制的营销模式。青藏高原牦牛产业示范园（一期）冷链物流项目由子公司海东市万牧农牧业发展有限公司建设运营，该项目占地30418.6平方米，其中冷链项目建筑面积21000平方米，可实现年生产牦牛冷冻肉品1.15万吨，其中牦牛冷鲜肉9000吨、牦牛调理肉2500吨，可实现各类冻品年周转量6万吨。建设冷冻冷藏库、牦牛肉冷分割加工车间、牦牛冷链产品信息化服务中心、牦牛冷链产品文化展示与体验中心等，为青藏高原牦牛产业提供冷链服务。

四、联农带农效果

公司在海东市河湟新区工业园区建设青藏高原牦牛产业示范园，开展了“公司+农户+产业园+云平台+品牌+市场”的利益联结机制实践探索，构建了市场与农畜产品产地相衔接、生产与消费需求相衔接的产业模式，促进了牦牛产业向着体系化、规模化、标准化发展。公司充分发挥龙头企业优势，以果洛州为发展根据地，辐射带动4个州市牦牛产业，推动一二三产融合，走出了一条富有公司特色的精准扶贫之路。给农牧民累计分红近400万元，产业帮扶金额近3600万元，通过理念引领、产业带动、牧民分红、技能培训等方式，让一大批农牧民融入公司牦牛产业发展，既锻炼了本领又开阔了眼界，既富了口袋又富了脑袋。同时，积极开展援助、救灾等公益活动。

五、产品品牌打造

公司秉承“向质量求发展”的理念，强化质量管理，追求卓越绩效，通过不断探索，总结出具有“五三六九”特色的“三全四过程五系统”的质量管理模式，通过科学、信息手段实现质量精细化管理，保证送到消费者手中的每一块牦牛肉都是健康、安全、有机食品。现有“五三六九”“老扎西”“美卓玛”三个品牌。今后的发展中，公司将全力打造“五三六九”高端牦牛肉全球领导品牌，助力实现青海省的牦牛品牌梦，让世界认识青海牦牛，让青海牦牛走向世界。

青海夏华清真肉食品有限公司

一、企业情况介绍

青海夏华清真肉食品有限公司自2011年入驻海晏县以来，先后投资建成海晏县现代生态畜牧业产业示范园，包括标准化生态养殖示范区和清真牛羊肉精深加工区两个功能区。作为国家级农牧业产业化重点龙头企业，为加快发展，强化产业带动能力，企业以肉品加工为中枢，实现了饲草种植、饲料加工、规模养殖、有机肥料、牛羊屠宰、精深加工、冷链销售、餐饮连锁等“八位一体”的生态产业链，搭建起了农业科技、畜牧科技、食品科技、生物科技四大产业平台和完备的食品安全控制体系，在行业内率先成功建成了绿色全程可追溯产业链条，实现了产业链良性循环。

二、产业链条构建

标准化原料基地：为了从源头保证肉食品质量，公司在海晏建立了优质青燕麦草种植基地，公司每年与周边农牧民签订12000亩青燕麦草种植合同，秋天将农牧民种植的青燕麦草收购以后，进行青贮，青贮两个月，经加工混合后，喂养牛羊。建有牛、羊圈舍48个，以及仓储库房、饲料加工房、粗饲草料棚、青贮池、有机肥料棚等。常年存栏1万只优质藏系羊、3000头牦牛，年出栏4万只优质羊、1万头牛。

集约化加工链条：公司建成晏华饲料加工配送中心，生产优质饲草料，科学配方调制，提高全面营养，饲草使用达到95%。同时，保护了生态环境，促进了生态畜牧业可持续发展能力。投资2200万元，建成年产6万吨的生物有机肥厂，用以解决养殖场和农牧民养殖产生的牛羊粪。投资6500万元，建成了牛羊屠宰及深加工车间，引进了现代化牛羊屠宰加工生产线和冷鲜肉排酸设备，严格按照伊斯兰教规定屠宰，年屠宰牛羊18万头只，生产牛羊肉5000吨。清真牛羊肉精深加工区，年屠宰羊15万只、牛3万头，生产无公害清真牛羊肉5100吨。建成达到国际出口标准的牛羊吊宰、牛羊肉分割及牛羊副产品加工流水生产线。开发出了60多个牛羊肉分割产品，使高原牛羊肉成功走向全国各地市场。

“产学研用”协同创新：公司与国家羊产业技术体系岗位专家、青海大学畜牧兽医科学院、海北州畜牧兽医所通过发挥各自优势，开展全面合作，共建“产学研用”创新体系与长期合作关系，全面推进企业与科研院所的共同发展。

网络化服务体系：为实现“卖西北、卖全国”愿景，企业建有青海牛羊肉经销实体店28家，还与多家省内外大型商超签订了供货协议，牛羊肉年供应量可达2000多吨。为满足销售需求和保障产品质量，全程保证冷链物流配送，在国内成立以青海牛羊肉为主要食料的餐饮连锁店11家，为消费者提供品种繁多的“绿色、安全、健康、营养”的牦牛、藏羊肉系列食品，实现了从牧场到餐桌的全程可追溯产业链发展模式。

三、仓储营销模式

公司在上海、广州、深圳、浙江、邯郸、杭州、西宁、兰州、银川、中卫、海北州西海镇等地通过成立自营和代理两种方式，建成青海牛羊肉经销店28家和青海牛羊肉为主要食料的餐饮连锁店8家。于2021年成立夏华小牦牛（广东）食品有限公司，以青海牦牛和藏羊为主打品牌，以广州为中心，辐射整个华南市场，产品主要以冷鲜肉、冷冻肉精深分割等系列产品，实行线上线下全方位营销，供应各大商超、餐饮酒店等。

四、联农带农效果

一是由公司牵头，联合11家合作社、4家牦牛流通大户、130余家种植大户共同组建成立了海晏县藏羊产业化联合体。联合体通过分工协作、整合生产要素，加强了品牌创立，实现创新成果的快速产业化和商业化转化运用，探索出了联合体成员之间利益联结机制，为藏羊产业化经营探索路子。二是肥料厂以每立方米60元的价格，收购牛羊粪6万立方米，带动农牧民增收360万元。三是建成养殖小区35个、存栏牛羊18万头（只），持续带动养殖户960户。四是种植饲草3万亩，带动饲草种植合作社12个、种植户136家。五是企业年安排固定就业岗位130多个，人均月工资3700元；安排脱贫人口就业36人，人均年收入2.7万元；年安排临时用工476人次，人均收入3403元。五是获批建设以海晏为中心、辐射周边区域的大型牛羊交易集散地，为农牧民、养殖大户、合作社买卖牛羊提供便利条件。

五、产品品牌打造

藏羊产品使用“可可诺尔”注册商标，主要以上市鲜肉为主，主要市场为西宁市，藏羊分割产品实行订单生产。打造“夏华小牦牛”品牌，建立以牛羊肉为主，牛羊副产品深加工为辅的产业链，增加现有产品的科技含量，提高其附加值，为拉动地方经济和脱贫致富作出贡献。